Tierische Helden
Wahre Geschichten
von großen und kleinen Lebensrettern

W0039590

Wenn mitten in Edinburgh ein Denkmal für einen Hund aufgestellt wird, muss er etwas Besonderes geleistet haben – wie Bobby, der Skye Terrier. Als sein Besitzer, ein Wachmann, den er auf seinen Rundgängen täglich begleitet hatte, gestorben war, bewachte er nun seinerseits hingebungsvoll dessen Grab. Bei Wind und Wetter, Tag und Nacht, sommers wie winters, vierzehn Jahre lang. Clare Balding weiß viele solcher herzerwärmender, lustiger, trauriger, in jedem Fall berührender Geschichten zu berichten: zum Beispiel von der Brieftaube Cher Ami, die trotz ihrer schweren Verletzung in einer an ihrem Bein befestigten Kapsel Soldaten eine Botschaft überbrachte; vom Elefanten Ning Nong, der während des Tsunamis in Thailand ein Mädchen zu einer Mauer trug, von der aus es sich in Sicherheit bringen konnte; von einem Papagei, der einem Einbrecher so zusetzte, dass der freiwillig das Feld räumte – Heldenhaftigkeit ist keine Frage von körperlicher Stärke. Eine wohlverdiente Würdigung von großen und kleinen Tieren, die durch Mut, Loyalität, Treue und Intelligenz von sich reden gemacht haben.

Clare Balding, Jahrgang 1971, wuchs umgeben von Hunden, Ponys und Pferden auf, ein Leben ohne Tiere ist für sie nicht vorstellbar. Als Journalistin berichtet sie seit Jahren für Fernsehen und Radio von allen großen internationalen Pferdewettkämpfen. Sie lebt in London.

Clare Balding

TIERISCHE HELDEN

Wahre Geschichten von großen und kleinen Lebensrettern

Aus dem Englischen
von Astrid Gravert

dtv

Gekürzte deutsche Erstausgabe 2021
dtv Verlagsgesellschaft mbH & Co. KG, München
© 2020 by Clare Balding
Titel der englischen Originalausgabe:
Heroic Animals. 100 Amazing Creatures Great and Small
First published in Great Britain in 2020 by John Murray
(Publishers), London,
An Hachette UK company
Deutschsprachige Ausgabe:
© 2021 dtv Verlagsgesellschaft mbH & Co. KG, München
Das Werk ist urheberrechtlich geschützt. Jede Verwertung
ist nur mit Zustimmung des Verlages zulässig. Das gilt
insbesondere für Vervielfältigungen, Übersetzungen und die
Einspeicherung und Verarbeitung in elektronischen Systemen.
Umschlaggestaltung: dtv nach einem Entwurf
von John Murray Publishers
Umschlagmotiv: Imperial War Museum/Q9277
Gesetzt aus der Minion Pro
Satz: Uhl + Massopust, Aalen
Druck und Bindung: Druckerei C. H. Beck, Nördlingen
Printed in Germany · ISBN 978-3-423-35045-7

Für die heldenhaften Tiere, die da waren,
wenn wir sie am meisten brauchten

In Erinnerung an Archie (2005–2020)

INHALT

VORWORT

Ich bin überzeugt, dass Tiere mich in meinem Leben mehr geprägt haben als Menschen. Die Beweise von Liebe und Freundlichkeit sowie die Ermutigung, die ich von ihnen erfahren habe, während ich mich darum bemühte, mit ihnen zu kommunizieren, haben mich zu der gemacht, die ich bin. Ob Candy, der Boxer, mein Beschützer und Kindermädchen in frühester Kindheit, das Shetlandpony Valkyrie, das mir Benehmen beibrachte, das Welsh-Pony Volcano, das mich Geduld lehrte, mein Lieblingspony und erste wirkliche Liebe Frank, eine »Heinz 57«, wie man so sagt, also eine Mischung aus mehreren Rassen, oder Henry, der dauernd durchging und mich mutig machte: Alles verdanke ich meinen Tieren.

Ich bin zwar nicht in einem Stall geboren und auch nicht in einer Hundehütte zur Schule gegangen, aber fast. Ich wuchs umgeben von Hunden, Ponys und Pferden auf. In der Rangordnung innerhalb unserer Familie standen sie weit über mir und ich akzeptierte dies mit größtem Vergnügen. Auf jedem Familienfoto stand mindestens ein Tier im Mittelpunkt, und wenn wir Geld übrig hatten, wurde es eher für eine neue Pferdedecke, ein Halfter oder Hundebett ausgegeben als für einen Luxusartikel für uns Menschen.

So bin ich groß geworden, und erst als ich in die Schule kam, wurde mir klar, dass das nicht der Normalfall war. Zugegebenermaßen sorgten auch Bücher dafür, die wichtige Rolle, die Tiere in meinem Leben spielten, zu zementieren – jedenfalls die Bücher, die ich las, darunter *Das Dschungelbuch*, *Black Beauty*, *Doktor Dolittle* und *Winnie Puuh*. Als ich feststellte, dass im wirklichen Leben viele Menschen keinen regelmäßigen Kontakt zu Tieren hatten, war ich schockiert.

Ich war so besessen von Tieren, dass ich eine Zeitlang dachte, ich *wäre* ein Hund. Schulkindern erzähle ich oft, dass Hunde wissen, was im Leben wichtig ist: Essen, Bewegung, Schlaf und Liebe. Das ist alles, worauf es ankommt. Manchmal denke ich, wenn wir Menschen uns an diese vier wesentlichen Dinge halten würden, würden wir vielleicht eher den Schlüssel zu dauerhaftem Glück finden. Aus Sicht der Hunde ist alles andere wurst.

Tiere holen das Beste aus uns Menschen heraus, sagen etwas über unsere Menschlichkeit und über den Zustand unserer Zivilisation. Wir waren selbst einmal eine Art Tier, bevor Tiere uns als Nahrung und Transportmittel dienten und Teil unseres Lebens und unseres Haushalts wurden. Sie spiegeln das Gute und das Schlechte von uns wider. Wenn wir freundlich und konsequent, geduldig und klar sind, reagieren sie darauf, indem sie es uns recht machen, so gut sie können. Wenn wir grausam und ungeduldig sind, steht es ihnen zu, uns zu beißen und zu treten. In Großbritannien gibt es in ungefähr zwölf Millionen Haushalten Haustiere, das sind Millionen von Hunden, Katzen und Kaninchen, Rennmäusen, Hamstern und Meerschweinchen. Wenn man über achthunderttausend Pferde und Ponys dazuzählt, hat man ein Land randvoll mit Tierliebhabern.

Unsere Beziehung zu Tieren in der Form, dass sie Teil unseres Lebens sind und wir sie als Haustiere halten, reicht weiter zurück, als Sie vielleicht denken, und mir scheint, dass die Wertschätzung von Tieren eine fortschrittliche Gesellschaft kennzeichnet. Die Mesopotamier, die alten Ägypter, die amerikanischen Ureinwohner, die alten Griechen, Römer, die Maya oder Inkas – alle bedeutenden Zivilisationen der Welt brauchten Tiere, um voranzukommen, und lernten, sie zu domestizieren. Das chinesische Horoskop besteht aus zwölf Tierkreiszeichen, die jeweils für ein ganzes Jahr gültig sind. Das Tier, das Ihrem Geburtsjahr zugeordnet ist, soll Einfluss auf Ihren Charakter haben. Ich wurde 1971 im Jahr des Schweins geboren. Deshalb bin ich angeblich tolerant, freundlich, mutig und liebenswürdig, jedoch auch ein bisschen faul und nicht positiv genug. Von jetzt an werde ich auf träges oder negatives Verhalten bei mir achten und mich dafür schelten!

In früheren Zeiten haben viele Menschen Tiere wie Götter verehrt. Im Alten Ägypten musste der Wassergott Sobek, dargestellt entweder mit menschlichem Körper und dem Kopf eines Krokodils oder im Ganzen als Krokodil, wegen seiner engen Verbindung zum Nil, dem Lebensnerv des Landes, milde gestimmt werden. Auch die meisten anderen ägyptischen Götter waren eine Mischung aus Tier und Mensch: Horus, der Himmelsgott, hatte den Kopf eines Falken, die Kriegsgöttin Sechmet den Kopf einer Löwin. Wenn Sie abends in den Himmel hinaufschauen, werden Sie ständig daran erinnert, dass Tiere eine höhere Stellung einnehmen – Bär, Skorpion, Widder, Adler, Krebs, Schwan und Löwe, alle erscheinen als funkelnde Sternenbilder über uns.

In den frühesten Mythen, Geschichten und Gedichten werden Tiere gefeiert. Es wird erklärt, woher sie kamen und warum sie so aussehen, wie sie aussehen. Einer Sage des antiken Rom zufolge werden kleine Bären als formlose Klumpen geboren, die erst durch das Lecken ihrer Mütter in die richtige Form gebracht werden. Daher kommt im Englischen der Ausdruck »*lick into shape*«, was so viel bedeutet wie hinbiegen.

Auch die bedeutendsten Religionen lehren Respekt vor Tieren, ja, im Buddhismus sind sie den Menschen sogar gleichgestellt. Es hat Symbolcharakter, dass im Christentum der Sohn Gottes in einer Krippe inmitten von gewöhnlichen Nutztieren geboren wird und dass ihn ein Esel auf seiner letzten Reise trägt. Schutzpatron der Tiere, der Natur und der Umwelt ist Franz von Assisi. Seine Tierliebe ist legendär, er soll Vögeln gepredigt und einen Löwen überzeugt haben, Menschen und Vieh nicht mehr anzugreifen. Kein Tier, das in einer Falle gefangen oder in Not war, um das er sich nicht kümmerte.

In diesem Buch möchte ich alle möglichen Tiere hochleben lassen, Katzen und Hunde, Ratten, Schimpansen und Pferde, Schafe, Schweine und Nashörner. Es ist eine Darstellung der Arten und gleichzeitig eine Auseinandersetzung mit Kultur, Kunst, Sport, Krieg und modernem Leben. Eine Sammlung von Tieren, die Erstaunliches vollbrachten oder unser Leben auf irgendeine Weise bereicherten, eine Hommage an ihre Intelligenz, Loyalität, Freundlichkeit, ihren Mut und ihre Schönheit.

Die Tiere, von denen ich berichte, sind für mich Helden – ob sie ihr Leben riskierten, um Menschen aus den Ruinen eines zerbombten Gebäudes zu ziehen, ein Rennen ohne Chance auf Erfolg gewannen, sich eine olympische Goldmedaille ertanzten oder sich unglaublich schlecht benahmen, dabei aber etwas Gutes bewirkten (ich denke an den Honigdachs Stoffel).

Die lustigen, traurigen, inspirierenden Geschichten handeln von Schiffskatzen, von einem Yorkshire Terrier, der im Dschungel gefunden wurde und schließlich ein Bataillon rettete, von einem Nilpferd, das Afrika der Länge nach durchquerte, von dem Löwen Christian, der das Kaufhaus Harrods hinter sich ließ, um ein stolzes, freies Leben in Afrika zu führen, oder von Wojtek, dem Bär, der Karriere in der polnischen Armee machte. Ich erzähle von einem sprechenden Seehund mit Neuengland-Akzent, von Kanarienvögeln, die Leben gerettet haben, und von Hunden, die Krankheiten erschnüffeln können.

Einige Geschichten sind mit persönlichen Erfahrungen verbunden, wie die vom Nashorn Thandi, das mir begegnete, als ich in einem Wildreservat in Südafrika filmte. Es war von Wilderern, die ihm das Horn abgesägt hatten, verstümmelt worden, hatte den Angriff aber überlebt und wurde schließlich zur Galionsfigur des Nashornschutzes in ganz Afrika.

Pferdehelden wiederum, die mit ihrem außerordentlichen Talent und ihrer Persönlichkeit zur Popularität des Reitsports beigetragen haben und in die sich die Zuschauer einfach verliebten, prägten meine Kindheit.

Die herausragendsten Geschichten sind für mich die von Tieren, die besonderen Mut bewiesen haben. Nehmen Sie die Blindenhündin Roselle, die ihren Besitzer am 11. September aus dem brennenden World Trade Center lotste. Die Menschen um sie herum schrien und rannten um ihr Leben, aber dank ihres unbeirrbaren, treuen Einsatzes überlebte ihr blinder Besitzer. Der Esel Gallipoli Murphy trug verwundete Soldaten vom Schlachtfeld; die Brieftaube Cher Ami flog durch schweren feindlichen Beschuss, um eine Nachricht zu überbringen; und das Pferd Sefton überlebte einen Bombenanschlag der IRA im Hyde Park und wurde zum Symbol der Hoffnung, dass der Nordirlandkonflikt eines Tages überwunden sein würde.

Hunde, Pferde Schweine, Elefanten, Delfine und viele andere haben im Angesicht der Gefahr Bemerkenswertes geleistet. Einige ihrer Heldentaten sind auf ihren außerordentlichen Geruchssinn, ihr Sehvermögen oder Gehör zurückzuführen, andere beruhen auf einer Eigenschaft, die wir besonders schätzen: Loyalität. Aber selbst wenn sie aus einem natürlichen Instinkt heraus Leben retteten, möchte ich dankbar anerkennen, was sie getan haben.

Bei der Recherche zu diesem Buch habe ich viel über die Physiologie der verschiedenen Tierarten gelernt, zum Beispiel, dass Hunde dreihundert Millionen Geruchsrezeptoren haben, was erklärt, warum sie um so viel besser riechen können als wir, die wir gerade mal über sechs Millionen verfügen. Aber es gibt auch Dinge, auf die selbst die Wissenschaft lange keine Antwort hatte – etwa wie Brieftauben oder Zugvögel den Weg nach Hause finden –, und ich staune nur zu gerne über die unglaubliche Genialität, die im Tierreich herrscht.

Als der Tibetterrier Archie in unser Haus kam, war ich überzeugt, dass er besonders treu und ergeben sein und ein gewisses Zen im Wesen haben würde, weil seine Vorfahren häufig als Wächter in buddhistischen Tempeln dienten. Ich hoffte, er wäre unendlich ruhig und trotzdem neugierig, hätte versteckte Qualitäten und die Fähigkeit, den Charakter eines Menschen an seinem Geruch abzulesen. Leider konnte davon keine Rede sein. Er biss, wenn jemand in sein Territorium eindrang oder wenn er etwas tun sollte, was er nicht wollte. Größere Hunde mochte er nicht und wir vertrauten ihm nie, was Kinder anging. Archie interessierte sich nur für eins: Fressen. Wenn Brot eine verbotene Substanz wäre, wäre er wahrscheinlich der beste Spürhund weit und breit gewesen. Er war nicht perfekt, aber wir haben ihn von ganzem Herzen geliebt, er war Teil unserer Familie und bekam den besten Platz auf dem Sofa oder im Bett. Er führte uns an Orte, die wir sonst nie gesehen hätten, bescherte uns Freunde fürs Leben und brachte uns jeden Tag zum Lachen. Er hinterließ eine Lücke in unserem Leben, ein Loch in Hundeform, alles, was uns bleibt, sind die Fotos (er war sehr fotogen) und die Erinnerungen.

Ich glaube, Archie hätte aus ziemlicher Entfernung zurück nach Hause gefunden, aber nicht, wenn jemand ihm unterwegs etwas Gutes zu fressen angeboten hätte. Und er wäre ganz sicher nicht fähig gewesen, über viertausend Kilometer in mehr als sechs Monaten zurückzulegen, um nach Hause zurückzukehren wie Bobbie, der Fernwanderer. Archie machte uns einmal mehr bewusst, dass wir immer einen Deal eingehen, wenn wir uns auf ein Tier einlassen – bei seinem Tod werden wir einen großen Schmerz empfinden. Ich war am Boden zerstört, als Archie uns verließ, und weinte tagelang. Aber die Freude erlebt zu haben, die Archie in unser Leben gebracht hatte, wog den Kummer auf.

Manche Tiere machen nicht nur Freude, sondern geben dem Leben einen ganz neuen Sinn. Die Katze Bob veränderte das Leben von James Brown, stabilisierte ihn nicht nur psychisch, sondern inspirierte ihn sogar, ein Buch zu schreiben, das schließlich ein Bestseller wurde. Wheely Willy behielt trotz der Grausamkeit, die er von seinen früheren Besitzern erfahren hatte, sein frohes Gemüt, und das Minipony Magic spendete Kindern und Erwachsenen, die ein Trauma zu verarbeiten hatten, Trost.

Wenn ich meinen Vater auffordern würde, einen tierischen Helden zu nennen, würde er nicht lange zögern und sofort Mill Reef nennen. Das Pferd, das er trainierte und das 1971 das Epsom Derby gewann, veränderte sein Leben. Mill Reef war ein herausragendes Rennpferd – zweijährig bereits Champion, gewann er als Dreijähriger die wichtigsten Gruppe-I-Rennen in Europa. Er war mutig und talentiert, schien über dem Boden zu schweben wie ein Balletttänzer und wurde gefeiert wie ein Superstar. Als er sich beim routinemäßigen Galopptraining ein Bein brach, war Dad ganz verzweifelt, denn Operationen bergen viele Gefahren. Die Narkose kann fatale Folgen haben, wenn die Dosis nicht stimmt, und das Pferd fügt sich womöglich noch größeren Schaden zu, wenn es wieder zu sich kommt und in Panik ausschlägt. Eine weitere Schwierigkeit besteht darin, das gebrochene Bein nicht zu belasten, ohne dass das Pferd wegen mangelnder Bewegung andere Probleme bekommt. Zum Glück hatte Mill Reef das Temperament und die Konstitution, um die Behandlung und Rekonvaleszenz gut zu überstehen. Deshalb ist er für meinen Vater ein Held. Er lief keine Rennen mehr, wurde aber sehr erfolgreich als Hengst im National Stud eingesetzt und noch immer sind Nachkommen von ihm unter den Siegern von Rennen der Gruppe I.

Bei meiner Mam würde die Wahl wahrscheinlich auf ihre erste Boxerhündin Candy fallen, die so an mir und meinem Bruder hing, dass sie sich aus dem Fenster im oberen Stockwerk stürzte, als sie dachte, wir würden entführt. Das war nicht der Fall – Mam trug nur einen neuen Mantel und Candy erkannte sie von hinten nicht –, aber es war wirklich eine beeindruckende Demonstration ihres Beschützerinstinkts.

Wie ich bereits erwähnte, brachten mir die Ponys Benehmen bei. Valkyrie war ein lustiger kleiner Fellball und hatte es als Shetlandpony nach ganz oben geschafft, denn sie hatte Ihrer Majestät der Königin gehört und war meinen Eltern zu meiner Geburt geschenkt worden. Valkyrie stellte gewisse Ansprüche und nahm es zum Beispiel nicht gut auf, wenn ein Kleinkind einen Wutanfall bekam oder zornig eine Wurzelbürste hinknallte. Wenn ich mich schlecht benahm, sah sie mich immer missbilligend an, drängte mich gelegentlich sanft, aber unnachgiebig in die Ecke des Stalls und ließ mich nicht wieder raus, bis ich mich wieder unter Kontrolle hatte.

Als ich älter wurde, ritt ich größere Ponys. Volcano war ein sehr hübsches Welsh-Pony, das etwas Freches an sich hatte. Ich glaube, wenn er verweigerte oder am Sprung vorbeilief, tat er es mit Absicht, damit ich mich konzentrierte. Jedes Mal, wenn ich mir ein bisschen zu sicher war oder meine Konzentration nachließ, trat er auf die Bremse. Es war ärgerlich, aber lehrreich. Rückblickend denke ich, er hat mich gelehrt, geduldig zu bleiben, auch wenn es nicht so gut läuft, und mir vor allen Dingen nicht zu sicher zu sein.

Dabei habe ich mich immer bemüht, mit Tieren zu kommunizieren. Ich wollte Dr. Dolittle sein, alles verstehen, was sie sagen, und wissen, was sie denken. Ich glaube, mein Lieblingspony Frank verstand mich. Ich ritt ihn stundenlang und erzählte ihm dabei von meinen Problemen, beklagte mich darüber, dass ich nirgendwo dazugehörte, und arbeitete auf diese Weise Dinge auf, die mich beschäftigten. Frank hörte tatsächlich zu. Seine braunen Ohren bewegten sich unruhig vor und zurück und für mich war es eine Erleichterung, Belastendes laut auszusprechen. Sein Fell war schmutzig grau mit braunen und schwarzen Flecken, die Ohren braun, die rosa

Haut um die Augen und an der Nase sonnenbrandgefährdet und seine Mähne ständig ein einziges Durcheinander. In meinen Augen war er eine Schönheit. Ich bewunderte sein Selbstbewusstsein und seine Lebensfreude, und ich kam zu dem Schluss, dass es Frank gefiel, anders auszusehen als andere Ponys. Er würde immer herausstechen und ich würde ihn dafür umso mehr lieben. Einmal brach er mir den Fuß, als er ungestüm aus dem Stall rannte und mir nicht mehr ausweichen konnte, aber ich liebte ihn trotzdem. Er war mein Frank.

Henry war ein anderer Fall. Er war sehr hübsch und sehr, sehr schnell. Henry tat nichts in gemächlichem Tempo, und nichts hielt ihn auf. Auf dem Springplatz konnte ich ihn gerade so in versammeltem Galopp halten, aber sobald er auf einer freien Fläche war, rannte er los. Ihn im Gelände zu reiten, gehörte zu den beängstigendsten und aufregendsten Dingen, die ich je getan habe. Ich musste die Strecke wirklich genau kennen, denn wenn ich nicht wusste, wo es als Nächstes langging, waren wir da, wo wir hätten abbiegen müssen, vorbei, bevor ich es begriff. Ich bin nie wieder in solchem Tempo über Zäune gesprungen, nicht mal mit einem Rennpferd. Ich musste lernen, mit der Angst umzugehen, sie zu spüren und es trotzdem zu tun.

Vielleicht war es eine Vorbereitung aufs Rennreiten. Die kurze Phase, in der ich Amateurjockey war, machte ich die Erfahrung, dass Zeit langsamer vergehen kann. Vor dem Rennen war ich nervös und angespannt, aber sobald ich aufgestiegen war und im Sattel saß, war ich wie in Trance. Ich war äußerst wachsam und gleichzeitig vollkommen ruhig, sah während des Rennens Dinge voraus und reagierte darauf, bevor sie passierten. Ich glaube, man nennt das »voll konzentriert« und es ist ein glückseliger Zustand.

Früher dachte ich immer, dass es für einen Jockey schwierig ist, eine wirkliche Beziehung zu seinem Rennpferd zu haben. Er hat wenig Beinkontakt und nimmt es entweder hart zurück oder treibt es mit aller Macht, damit es schneller läuft. Dazwischen gibt es wenig. Anders als beim Vielseitigkeitsreiten, Springreiten oder Dressurreiten verbringt ein Jockey nicht Jahre damit, das Pferd kennenzulernen. Manchmal steigt er bei den Rennen das erste Mal auf. Mir kam es immer ein bisschen so vor wie Autofahren – die Marken unterscheiden sich vielleicht, aber die Bedienungselemente sind immer an derselben Stelle.

Erst als ich Knock Knock ritt, stellte ich fest, dass Rennpferde nicht alle gleich sind. Knock Knock hatte zweifellos Talent. Beim Galopptraining zu Hause war er schneller als jedes andere Pferd, aber auf der Rennbahn wollte er nichts davon wissen. Entsprechend war meist seine Platzierung. Auch kam er nicht gut mit anderen Pferden klar. Er legte die Ohren an und versuchte sie zu beißen, wenn sie ihm zu nahe kamen. Aber er war sehr empfänglich für Zuwendung und liebte es, gestreichelt zu werden. Wenn ich ihn im Schritt führte, klopfte ich ihn am Hals und er stellte die Ohren auf, im Stall schmuste ich mit ihm und gab ihm Polo Mints.

Mein Vater entschied, Knock Knock in einem Amateurrennen zu nennen, und fragte mich, ob ich ihn reiten wollte. Ich konnte nicht schnell genug Ja sagen. Die Bedingungen waren überhaupt nicht zu Knock Knocks Gunsten. Er hatte im Vergleich zu den anderen Pferden mehr Gewicht und war mit einer Siegquote von 25:1 sowieso ein Außenseiter. Aber wir galoppierten in gemäßigtem Tempo und mit gesenktem Kopf in wunderschöner Dressurmanier zum Start und ich dachte, was immer passierte, wir sahen zumindest gut aus.

Als die Startstände sich öffneten, schossen die anderen Pferde in rasendem Tempo los. Knock Knock und ich ließen uns Zeit, ich ließ ihn seinen Rhythmus finden und hielt Abstand zur Gruppe, sodass er genügend Raum hatte. Ich machte keinen Druck, ich wollte nur, dass er Spaß hatte. Deshalb klopfte ich ihm leicht auf den Hals und sagte: »Guter Junge.« Da zog er plötzlich an und beschleunigte dermaßen, dass wir förmlich um das gesamte Feld gefegt wurden. Wir überholten den zweiten Favoriten, dann den Favoriten und waren plötzlich vorn, mit weniger als zweihundert Metern vor uns. »Guter Junge, guter Junge«, wiederholte ich fortwährend und musste darüber lachen, wie absurd das Ganze war. Ich bewegte mich nicht im Sattel und hütete mich, die Gerte einzusetzen. So kamen wir als Erste ins Ziel. Ich ritt Knock Knock noch zwölf Mal – es war meine intensivste Partnerschaft mit einem Rennpferd –, gewann noch drei Rennen mit ihm und war acht Mal platziert. Es machte so viel Spaß, weil es schien, als hätte ich des Rätsels Lösung gefunden und eine so starke Beziehung zu ihm entwickelt, dass er für mich gewinnen wollte.

Pferde haben etwas Edles an sich, das Künstler über

die Jahrhunderte inspiriert hat, ihre Würde und Schönheit einzufangen. Nehmen Sie Munnings Bild von Warrior, dem Kavalleriepferd, das die Schrecken des Ersten Weltkrieges überlebt hat, wie es den Kopf vom Künstler wegdreht und nach Gefahr Ausschau hält, statt Aufmerksamkeit zu suchen. Warrior ist stolz und zugleich ergeben, wachsam und zugleich verlässlich. Sir Alfred Munnings war großartig darin, die Charaktereigenschaften sowie die physische Präsenz von Pferden darzustellen.

Pferde sind auf der ganzen Welt wegen ihrer Stärke, Schnelligkeit und Wendigkeit immer hoch geschätzt worden. Als Transportmittel, als Partner bei der Jagd oder als Kamerad im Krieg – in all diesen Funktionen waren sie für unsere Vorfahren von großer Bedeutung. Hunderte von Pferdedenkmälern überall auf der Welt sind ein Beweis für den Status und die Bedeutung, die wir ihnen beimessen. In frühzeitlichen Gräbern wurden die Mächtigen mit ihren kostbarsten Besitztümern einschließlich ihrer Pferde begraben.

In Charlie Mackesys großartigem Buch *Der Junge, der Maulwurf, der Fuchs und das Pferd* ist es das Pferd, das über Weisheit verfügt und Trost spendet. In jeder Situation weiß es das Richtige zu sagen, ohne dass es belehrend oder abgedroschen klingt. Als der Junge es bittet zu erklären, was Mut ist, erwidert das Pferd: »Von ganzem Herzen die Wahrheit über dich zu sagen.« Das Pferd lehrt den Jungen das Wesentliche: die Macht der Liebe, nicht zu vorsichtig zu sein, um Hilfe zu bitten und sich nicht durch das Verhalten anderer beeinflussen zu lassen. Es ist direkt, ehrlich und stets freundlich. Es ist so, wie wir gerne wären, und dabei kein bisschen eingebildet. »Die Wahrheit ist, alle mogeln sich durch«, lautet seine starke Botschaft an die, die sich für Hochstapler halten.

Es ist nicht verwunderlich, dass sich Pferde bei einer ganzen Reihe von Therapien als wertvoll erweisen. Sei es bei Menschen, die eine traumatische Erfahrung hinter sich haben, bei Alkohol- und Drogensüchtigen, bei Menschen, die mit körperlichen Behinderungen oder mit Lernproblemen zu kämpfen haben oder mit einer neuen Lebenssituation zurechtkommen müssen: Pferde haben etwas an sich, das unsere Seele anspricht, und sehen etwas in uns, das wir oft selbst nicht erkennen.

Auch Hunde werden mit großem Erfolg bei Therapien eingesetzt und selbst Katzen sprechen innere Anteile an, die Menschen nicht erreichen. Wir alle haben unsere eigenen tierischen Champions und ich vermute, dass es gerade in Zeiten der Unsicherheit wie in den Monaten des durch Corona erzwungenen Lockdowns die täglichen Heldentaten unserer Haustiere waren, die viele von uns aufrecht hielten. Sie kümmern sich genauso um uns, wie wir uns um sie kümmern. Für diejenigen, die allein leben, sind sie Gesellschaft und Trost, ein Grund, jeden Tag das Haus zu verlassen und einen Spaziergang zu machen. In Familien können sie der Mittelpunkt sein, der Anziehungspunkt, der dafür sorgt, dass alle zusammenkommen und gemeinsam etwas tun. Denjenigen, die unter gefährlichen Bedingungen leben, bringen sie Erleichterung und Hoffnung. Wie Herman Melville einmal schrieb: »Kein Philosoph versteht uns so gut wie Hunde und Pferde.«

Indem wir Geschichten von unseren geliebten Tieren erzählen, halten wir sie für immer am Leben. Aus diesem Grund habe ich dieses Buch geschrieben, für Archie und all die außergewöhnlichen, bemerkenswerten Tiere, die darin vorkommen. Ich hoffe, es macht Ihnen genauso viel Spaß, es zu lesen, wie es mir Spaß gemacht hat, es zu schreiben.

BARRIE,
Therapeutin im Kriegseinsatz

Diese Geschichte handelt von einem kleinen Hund, der aus den Trümmern des vom Krieg erschütterten Syrien geborgen wurde. Er rettete das Leben des Mannes, der ihn fand.

Als Soldat geriet Sean Laidlaw vom ersten Tag an mitten ins Kriegsgeschehen. Die Arbeit war gefährlich und zermürbend. Im Laufe der zehn Jahre bei den Royal Engineers wurde er Zeuge vieler Gräueltaten. Laidlaw ging damit, wie er dachte, auf die »britische Art« um: Er bewahrte Haltung und machte ein paar Witze. Das änderte sich eines Tages in Afghanistan, als er auf die Leiche eines britischen Soldaten stieß, der von den Taliban brutal gefoltert worden war. »Ich verdrängte das lange Zeit«, erklärte er. »Es wanderte in eine Kiste in meinem Kopf… bis sich diese Kiste schließlich öffnete und nicht mehr schließen ließ.«

So war es sehr schwierig für ihn, wenn die Menschen zu Hause ihn mit grausamer Neugier fragten, ob er jemanden getötet habe. Und auch mit der Fehlgeburt, die seine Partnerin erlitt, konnte er nicht umgehen. »Ich war wütend auf die ganze Welt, auf jeden aus irgendeinem Grund.«

Seine Beziehung zerbrach und damit verlor er sein

Zuhause. Laidlaw begann mit Fitnesstraining, um den Tagen eine Struktur zu geben, doch in Wahrheit versuchte er, sich selbst zu bestrafen. Er ging dreimal am Tag an seine körperlichen Grenzen und begann Steroide zu nehmen, um Muskeln aufzubauen. Er hatte eine posttraumatische Belastungsstörung (PTBS) entwickelt, sein Leben geriet außer Kontrolle.

In seinem Job spielte jeder dem anderen Stärke vor, daher fiel es ihm nicht leicht, über seine Gefühle zu sprechen. Doch irgendwann fand er mit Hilfe von Freunden und einer Therapie einen Weg aus der Dunkelheit: »Die Leute denken, PTBS ist so wie in Hollywoodfilmen, wo du aus lebhaften Träumen aufwachst und zitterst und schwitzt, aber so ist es überhaupt nicht. Für viele Veteranen, mich eingeschlossen, zeigt sie sich nicht nur in Flashbacks, sondern vor allem in dem Gefühl, nirgendwo dazuzugehören, keine Identität zu haben.« Er wusste, dass er etwas Sinnvolles tun musste, und so verpflichtete er sich erneut für einen Auslandseinsatz: diesmal für ein privates Sicherheitsunternehmen als Bombenentschärfer nach Syrien.

Laidlaw beschrieb Syrien als »Afghanistan mal hundert – ein absolutes Blutbad«. Noch nie hatte er eine Zerstörung solchen Ausmaßes erlebt, was er sah, erschütterte ihn zutiefst. Eines Tages hörten er und seine Kollegen durch Explosionen und Schüsse hindurch etwas, das sich anhörte wie ein weinendes Kind. Sie rannten zu den Trümmern einer zerstörten Schule, wo sie unter einem großen Betonsockel eine Hündin mit ihren Welpen fanden, alle tot. Aber woher kam das Wimmern?

Plötzlich rief einer der Männer: »Hund! Hund!« Inmitten von Schutt, Staub und Zerstörung entdeckten sie einen flauschigen Ball, einen Asian Shephard Mixwelpen, der um Hilfe winselte. Laidlaw sagte spontan: »Das ist Barry.« Der Name blieb, selbst nachdem sie entdeckt hatten, dass »er« eine »sie« war, nur wählten sie die etwas »mädchenhaftere« Schreibweise Barrie.

Laidlaw war sofort von ihr eingenommen. Die Hündin sah so traurig und verloren aus, dass er beschloss, ihr die Liebe und Fürsorge zu geben, die sie brauchte. Da sie hungrig und durstig war, teilte er seine Rationen mit ihr. Nach drei Tagen hatte er ihr Vertrauen gewonnen, konnte sie hochheben und mit zur Basis nehmen. Barrie schlief in seinen Armen ein.

Der Welpe musste ausgeführt, gefüttert und erzogen werden und bald brannte jeder darauf, seinen Beitrag zu leisten. Die anderen Männer wurden Barries »Onkel«.

Die kleine Hündin verwandelte das Camp in eine ganz andere Welt. »Ich glaube, schon in den ersten Tagen von Barries Anwesenheit merkten wir alle, wie hilfreich es war, so ein Tier bei uns zu haben«, erklärte Laidlaw. »Sie war eine enorme Ablenkung von allem, was wir da draußen erlebten. Es gab Wochen, in denen wir zehn bis fünfzehn Leichen an einem Tag sahen, Männer, Frauen und Kinder, das ist schwer zu ertragen. Aber zur Basis zurückzukommen und mit ihr herumspielen und herumalbern zu können, machte alles leichter.«

Da er entschlossen war, sie um jeden Preis mit zurück nach Großbritannien zu nehmen, bekam Barrie ein Geschirr, das aus einer kugelsicheren Weste angefertigt war, sodass sie Laidlaw bei seinen Aufgaben in Raqqa begleiten konnte. »Sie war der Lichtblick zu einer Zeit in meinem Leben, als ich nach einem Sinn suchte und herausfinden wollte, warum ich hier war. Als Barries ›Dad‹ hatte ich etwas, um das ich mich kümmern musste und für das ich verantwortlich war – ausgeschlossen, dass sie ohne mich in Syrien blieb.«

Allerdings war es nicht einfach, Barrie aus dem Land zu bekommen, es gab eine Menge Formalitäten zu erledigen. In dieser Zeit flog Laidlaw nach Großbritannien, um an einer Hochzeit teilzunehmen. Als er nach Syrien zurückkehren wollte, erreichte ihn auf dem Weg zum Flughafen ein Anruf: Die Lage dort hatte sich verschlechtert, man brach den Einsatz gerade ab und wies ihn an, zu Hause zu bleiben.

Ehe auch die anderen Männer zurückkehrten, blieben ihm nur noch zwei Wochen Zeit, die Ausreise des Hundes zu organisieren; andernfalls würde Barrie allein auf der Basis zurückbleiben. Ein Versuch seiner Kollegen, sie auf einem Versorgungslastwagen unterzubringen und über die Grenze zu schmuggeln, scheiterte. Laidlaw sondierte, ob die Amerikaner sie mitnehmen würden und er sie bei ihnen abholen konnte, aber auch dieser Plan ging nicht auf. Mit Hilfe einer Organisation namens War Paws, gegründet, um Hunde aus vom Krieg erschütterten Gebieten nach Hause zu bringen, kam Barrie schließlich in den Irak und von dort aus nach Jordanien, wo sie drei Monate in Quarantäne verbrachte.

Zu guter Letzt wurde sie nach Paris geflogen, wo Laidlaw sie in Empfang nehmen konnte. Barrie war von der Reise traumatisiert. Sie brauchte eine Weile, um zu erkennen, dass es sich bei dem Mann, der sie streichelte, um denselben handelte, der sie in Syrien gerettet hatte. Als sie Laidlaw endlich erkannte, legte sie sich auf den Rücken, um sich von ihm am Bauch kraulen zu lassen. Laidlaw weinte vor Erleichterung: »Ich war verloren. Ich wusste nicht, was los war. Ein Welpe hat es geschafft, mich zu erden und mich wieder gesund zu machen.«

Laidlaw zweifelt nicht daran, dass seine neue Aufgabe als Barries »Dad« ihn davor bewahrt hat, in jene dunklen Tage zurückzufallen, in denen PTBS ihn zu zerstören drohte:

»Wenn ich gestresst und ängstlich bin, deprimiert, sitze ich nicht in meinem Zimmer, starre an die Decke und denke, die Welt stürzt auf mich ein. Ich habe Barrie, die auf mich springt und mich dazu bringt, mit ihr rauszugehen. Ich muss spazieren gehen, mit ihr spielen. So nervend es manchmal ist, eine Stunde später bin ich froh, dass ich an die frische Luft gekommen bin. Sie zieht mich immer überall raus.«

Es war eine große Umstellung für Barrie, ein normales Haustier zu sein und nicht mehr im Krieg, aber wie ihr Besitzer hat sie sich an ihr neues Leben gewöhnt. Laidlaw hat keinen Zweifel daran, dass sie es ist, durch die er endlich glücklich wurde. »Der Tag, an dem ich ihr begegnet bin, war der beste in meinem Leben. Ich weiß nicht, ob ich es ohne sie geschafft hätte, aus dem dunklen Loch der Verzweiflung herauszukommen, in das ich nach Afghanistan gestürzt war, die Gräueltaten, die ich als Soldat erlebt hatte, zu verarbeiten oder ein Leben als

Zivilist zu führen … Heute arbeite ich in Teilzeit im Rettungsdienst und betreibe mit einem Freund ein Fitnessstudio. Es gibt immer noch Momente, da merke ich, wie ich Angst bekomme. Dann klappe ich einfach den Laptop zu und spiele mit Barrie … Wenn sie in der Nähe ist, bin ich klar und zielgerichtet. Die Leute sagen, ich habe Barrie das Leben gerettet, aber in Wahrheit hat sie mich gerettet.«

ALEX,
wissenschaftlicher Mitarbeiter

Papageien gehören zu den intelligentesten Tieren der Welt. Sie können sprechen, zählen, logisch schlussfolgern, haben eine besondere Fähigkeit, Akzente nachzuahmen, und können sich sogar an eine Komikernummer erinnern. Es gibt viele Geschichten von sprechenden Papageien und ihrem engen Band zu Menschen. Seit 327 v. Chr., als die Truppen Alexanders des Großen Indien eroberten und Papageien mit nach Griechenland brachten, werden sie in Europa als Haustiere gehalten.

Sprechende Papageien waren bei den Römern der Oberschicht so beliebt, dass Sklaven herangezogen wurden, um die Vögel Latein zu lehren. Im Kamasutra (vor fast zweitausend Jahren geschrieben) etwa ist eine der dreiundsechzig Anforderungen an einen Mann, dass er einem Papagei das Sprechen beibringen kann.

Viele der klügsten und bekanntesten Papageien waren Graupapageien – wie Polynesia, der Dr. Dolittle in die Sprache der Tiere einführt. Und auch Heinrich VIII. besaß einen. Der machte sich der Legende nach einen Spaß daraus, die örtlichen Bootsführer laut und offenbar täuschend echt aufzufordern, über die Themse nach Hampton Court Palace zu rudern. Die waren dann nicht gerade erfreut, am anderen Ufer festzustellen, dass ihre Dienste gar nicht benötigt wurden, nachdem sie dem »königlichen« Befehl eilig Folge geleistet hatten. Queen Victoria, der man schwer etwas recht machen konnte, war amüsiert, als ihr Graupapagei *God Save the Queen* zum Besten gab, und über Poll, den Papagei des siebten Präsidenten Amerikas, Andrew Jackson, heißt es in dem Buch *Andrew Jackson and Early Tennessee History* hinsichtlich dessen Beerdigung: »Vor der Predigt, als sich die Menge versammelte, wurde ein gottloser Papagei ganz aufgeregt und begann so laut und ohne Unterlass zu fluchen, dass er aus dem Gebäude getragen werden musste… wo er [Poll] einen Schwall von Schimpfwörtern losließ.« Nicht auszuschließen, dass Jackson als ehemaliger Soldat dem Vogel beigebracht hatte, wie ein Landsknecht zu fluchen. Ich glaube, wir gehen alle auf unterschiedliche Weise mit Trauer um.

Wissenschaftler fasziniert seit Langem, dass Papageien sprechen können. Aristoteles beschrieb sie als »Vögel mit menschlicher Zunge (die noch unverschämter werden, wenn sie Wein getrunken haben)«, während

Plinius der Ältere, der römische Gelehrte, behauptete, die beste Art, Papageien das Sprechen beizubringen, sei, ihnen mit einer Eisenstange auf den Kopf zu schlagen; sie würden es nicht spüren. (Vermutlich hat *er* zu viel Wein getrunken, als er das sagte.)

Lange ging man davon aus, dass die sprachlichen Fähigkeiten der Vögel aufs Nachahmen von Wörtern beschränkt sind, dass man ihnen also beibringen kann, »Hallo« zu sagen, ein Lied zu singen oder zu fluchen, aber mehr nicht. Im Englischen benutzen wir das Verb »*parrot*« (von »*parrot*«, der Papagei) für nachplappern und nennen es »*parrot fashion*«, wenn jemand etwas wortwörtlich wiederholt, eben nachplappert wie ein Papagei.

Erst mit Hilfe eines ganz besonderen Vogels konnte gezeigt werden, dass diese Annahme falsch war. 1977 kaufte die Wissenschaftlerin Irene Pepperberg einen einjährigen Graupapagei, um herauszufinden, ob er tatsächlich eine Sprache erlernen könne. Da sich andere Forschungsprojekte zu dieser Zeit Tieren mit großen Gehirnen wie Primaten und Delfinen widmeten, war die Reaktion der Wissenschaftsgemeinde auf ihren Antrag auf Forschungsmittel »nicht gerade überwältigend … Sie fragten mich im Grunde, ob das mein Ernst sei. Sie waren entsetzt, dass ich mich mit einer Kreatur beschäftigen wollte, deren Gehirn die Größe einer Walnuss hat (zum Vergleich: das menschliche Gehirn hat die Größe einer kleinen Melone und wiegt drei Pfund), noch dazu mit einem Haustier. Wie könnte ich meine wissenschaftliche Objektivität wahren?«

Schließlich wurden Irene Pepperberg aber die notwendigen Forschungsmittel bewilligt, sodass sie in der Lage war, ernsthaft mit der Arbeit zu beginnen. Sie nannte den Papagei Alex (Akronym für *Avian Learning Experiment*, Vogellernexperiment) und brachte ihm Wörter bei, indem sie diese jeweils mit einer bestimmten Belohnung verband. So konnte Alex selbst festlegen, welche Snacks er als Belohnung bekam. Er durfte auch entscheiden, wann er eine Pause machen oder nach draußen wollte. Auf diese Weise entwickelte er ein Vokabular von ungefähr einhundertfünfzig Wörtern, konnte fünfzig Objekte erkennen, Fragen zu den Objekten stellen und beantworten. Er konnte Farben, Formen, Materialien und Funktionen unterscheiden. Zum Beispiel wusste er, wozu ein Schlüssel diente, und erkannte neue Schlüssel als solche, auch wenn sie eine andere Form hatten. Er verstand Begriffe wie »gleich«, »verschieden«, »größer«, »kleiner«, »ja«, »nein« und »Nichtvorhandensein«, merkte sich auch Zahlen und konnte bis acht zählen. Er nahm unterschiedliche Satzstrukturen wahr und konnte Wörter kombinieren. Wenn Pepperberg und ihre Assistentin Fehler machten, korrigierte Alex sie. Wenn er allein war, übte er manchmal Wörter. Einmal fragte Alex Pepperberg, welche Farbe er habe – eine ziemlich existenzielle Frage für einen Papagei. Und wenn er sich langweilte, gab er manchmal absichtlich falsche Antworten.

Pepperberg bezeichnete Alex als »meinen wissenschaftlichen Mitarbeiter«, sie und Alex arbeiteten dreißig Jahre eng zusammen. Das Paar trat in einer Reihe von Dokumentationen auf und wurde bei einer Gelegenheit gebeten, eine Show für BBC Radio aufzunehmen. Pepperberg war ratlos – wie sollte sie zeigen, dass der Papagei alles richtig identifizierte, wenn niemand sie sehen konnte? Sie entschied sich jedoch, es trotzdem zu versuchen. »Alex zog alle Register. Wir begannen mit einem orangefarbenen Spielzeug. Ich hielt es Alex hin und fragte: ›Welche Farbe?‹ Er antwortete: ›Nein, welche Form?‹ Ich sagte: ›Okay, Alex, es ist viereckig, aber kannst du mir sagen, welche Farbe es hat?‹ Er antwortete: ›Nein, welches Material?‹ Ich sagte: ›Es ist aus Holz, Alex, kannst du mir sagen, welche Farbe?‹ Er antwortete: ›Wie viele?‹ Als ich aufgab und den Raum verließ, hörte ich ein leises Vogelstimmchen: ›Tut mir leid. Komm zurück. Orange.‹«

Alex' außerordentlicher Beitrag auf dem Gebiet der Mensch-Tier-Kommunikation stellte die frühere Forschung auf den Kopf und erschütterte die Auffassung, das Verhalten von Papageien sei nur instinktgesteuert. Auch wenn sein Vokabular begrenzt blieb, offenbarte sein Gebrauch von Wörtern und Konzepten echtes Verständnis und Intelligenz.

Am 6. September 2007 starb Alex plötzlich und unerwartet. Pepperberg war am Boden zerstört. »Mir wurde klar, dass ich das wichtigste Wesen in meinem Leben während der letzten dreißig Jahre verloren hatte.« Seine letzten Worte waren dieselben, die er jeden Abend zu ihr gesagt hatte, bevor sie das Labor verließ: »Sei brav. Ich liebe dich. Bis morgen.«

ANTIS,
Flieger bei der britischen Armee

Dies ist die Geschichte von einem im Niemandsland zurückgelassenen Welpen, dem Flügel wuchsen und der in die Geschichte der Fliegerei einging.

Es war ein bitterkalter Morgen im Januar 1940: Ein Flugzeug der Alliierten wurde auf einem Aufklärungsflug über feindlichen Linien von den Deutschen abgeschossen. Der tschechische Flieger Robert Bozděch schaffte es, sich zu befreien, half dem verletzten französischen Piloten Pierre Duval aus seinem Gurt und zog ihn aus dem Wrack. Während er in einer Schneewehe verschnaufte, sah er sich nach einem Ort um, an dem sie in Deckung gehen konnten.

In der Ferne erblickte Bozděch ein Bauernhaus und beschloss, die Lage zu peilen. Als er das Gebäude erreichte, stellte er fest, dass es geplündert worden war. Außer einem staubigen Tisch, einigen Holzscheiten und einer Bratpfanne auf dem Herd war wenig übrig. Da hörte er ein leises Kratzen und ein gedämpftes Winseln. Mit gezogener Pistole näherte er sich der Geräuschquelle. »Zeig dich«, befahl er. Atmen, ein vorsichtiges Schnuppern, aber niemand kam hervor. Er versuchte es noch einmal. Immer noch nichts. Als er weiterging, bereit zu schießen, entdeckte er plötzlich seinen »Feind«: einen kleinen

Deutschen Schäferhundwelpen. Da hob er ihn auf und steckte ihn in seine Jacke, um ihn warm zu halten.

Am selben Abend besprachen Bozděch und Duval, wie sie wieder hinter die alliierten Linien kamen, bevor die deutschen Streitkräfte im Morgenlicht die Suche aufnahmen. Ein Fluchtversuch war sehr riskant, auch ohne Hund im Schlepptau. Sie hatten keine Wahl: Sie mussten den Kleinen mit Futter und Wasser zurücklassen und ohne ihn ihr Glück versuchen.

Sie verließen gerade das Haus, als der Himmel von Leuchtkugeln erhellt wurde, die die Deutschen auf der Suche nach der abgeschossenen feindlichen Mannschaft entzündet hatten. Bozděch schleifte Duval durch den Schnee in die sichere Deckung einiger Bäume, da hörte er das mitleiderregende Heulen des Hundes, das ihr Versteck zu verraten drohte. Es schien, als bliebe ihm nichts anderes übrig, als zurückzugehen und das Tier zu töten. Doch ein Blick in das Gesicht des Hundes, seine flehenden Augen – er konnte es nicht tun. Er steckte den Welpen in seine Fliegerjacke und ging zurück zu Duval. Irgendwie erreichten die drei den Wald und wurden gerettet. Duval wurde in ein Krankenhaus gebracht, Bozděch zur Basis in Saint-Dizier zurückgeflogen, den Welpen immer noch in den Armen.

An dem Neuankömmling hatten auch die anderen Soldaten Freude, sie überhäuften ihn mit Zuneigung und Futter. Aber er brauchte einen Namen. Gemeinsam beschlossen die Flieger der tschechischen Exilarmee, ihn Ant zu nennen, nach ihrem Lieblingsflugzeug, einem russischen Pe-2 Sturzbomber.

Bozděch und Ant – später in Antis umbenannt – wurden unzertrennlich. Der Hund wich seinem neuen Herrn kaum von der Seite und gehorchte jedem seiner Befehle. Eines Tages kam er jedoch nicht, als er gerufen wurde, sondern stand stocksteif in der Mitte der Militärbasis und blickte unverwandt zum Horizont. Kurz darauf bombardierten deutsche Flugzeuge die Basis. Antis hatte die ankommenden Flugzeuge vorausgeahnt.

Verlässlich wie ein Radar warnte er später vor einem weiteren Luftangriff, der schlimmen Schaden anrichtete. Die Zerstörung war so groß, dass Bozděch und Antis in dem Chaos getrennt wurden. Als der Hund nirgendwo zu finden war, befürchtete Bozděch das Schlimmste. Drei Tage später jedoch tauchte Antis schwer verletzt wieder auf. Er war in die Luft katapultiert und unter Trümmern begraben worden, hatte sich aber irgendwie freigescharrt und überlebt. Noch bevor er wieder vollständig genesen war, hatte er den Ruf eines »Radarhunds« erworben.

Als sich die Lage in Frankreich verschlechterte, zogen die tschechischen Flieger auf dem Landweg nach Süden, nach Spanien und weiter nach Gibraltar, um ins Vereinigte Königreich zu gelangen und den Kampf von dort fortzusetzen. Auf der gefährlichen Reise trugen die Männer den Hund abwechselnd auf den Schultern. Sie nahmen einen überfüllten Zug nach Marseille, der in drei Tagen nur knapp hundert Kilometer vorankam. Bei einem Halt sprangen die Soldaten aus dem Zug, versuchten eine Kuh auf einer nahegelegenen Wiese zu melken und eine kleine Flasche für den Hund zu füllen. Die Anwohner dachten, sie bräuchten die Milch für ein Baby, und versorgten sie mit kostbaren Vorräten.

Schließlich erreichten sie Gibraltar, wo sie sich an Bord der MV Northmoor einem Konvoi zurück nach England anschließen sollten. Doch es gab ein Problem: Die Wachen der Fähre zum Frachtschiff ließen keine Hunde an Bord. Im Vertrauen darauf, dass der Hund alles tun würde, um bei ihm zu bleiben, ließ Bozděch Antis am Ufer zurück. Sobald der Soldat an Bord der Northmoor war, kletterte er zur Badeplattform hinunter und rief nach dem Hund. Der schwamm die knapp hundert Meter zum Schiff, wo Bozděch ihn aus dem Wasser fischte und in seinen Mantel gehüllt in den Laderaum schmuggelte. Es war eine ereignisreiche Reise. Einem U-Boot-Angriff folgte ein Luftangriff, der einen Motorschaden verursachte und die Überführung auf ein neues Schiff notwendig machte.

In England angekommen, schloss Bozděch sich dem 311. Bombergeschwader der RAF an, wo er einen frustrierenden Schreibtischjob hatte. Antis, immer an seiner Seite, warnte erneut vor einem nahenden Luftangriff. Anschließend half er bei der Suche nach sechs Verschütteten, spürte sie auf und grub sich durch die Trümmer, um sie zu befreien. Später wurde das Geschwader nach East Wretham in Norfolk verlegt, dort sollte Bozděch dann wieder Einsätze fliegen. Die Bestimmungen untersagten es ihm allerdings, Antis bei den Flügen mitzunehmen. Der Hund sah das anders. Als die Flieger einen Luftangriff auf Norddeutschland vorbereiteten, war Antis plötzlich verschwunden. Bozděch war außer sich, hatte aber keine andere Wahl, als zu starten. In einer Höhe von sechzehntausend Fuß, gerade als sie mit der Bombardierung beginnen wollten, entdeckte er Antis, der sich im Bauch des Flugzeugs versteckt hatte und nach Luft schnappte. Da gab ihm Bozděch seine Sauerstoffmaske, die sie nun abwechselnd benutzten. Sein Pilot hielt ihn für verrückt. Dabei war dies erst der Anfang von Antis' ungewöhnlicher Fliegerlaufbahn.

Der Hund wurde das Maskottchen des Geschwaders und erhielt für die Flüge, an denen er nun teilnehmen durfte, eine speziell angefertigte Sauerstoffmaske. Zwei Mal erlitt er Verletzungen, als das Flugzeug in Geschützfeuer geriet, beide Male bemerkte Bozděch es erst bei der Landung: »Er winselte nicht, er drehte nicht durch. Er bewies vielleicht mehr Mut als ein Mensch«, berichtete der Flieger bewundernd. Zusammen nahmen sie an rund dreißig Missionen teil.

Als Bozděch nach dem Krieg in seine tschechoslowakische Heimat zurückkehrte, nahm er seinen treuen Freund mit. Es war jedoch keine glückliche Heimkehr, da die inzwischen an die Macht gekommenen Kommunisten jeden verfolgten, der auf der Seite der Alliierten gekämpft hatte. Bozděch floh erneut, und Antis half ihm ein weiteres Mal, Schüsse und Scheinwerfer zu umgehen und sicher nach Westdeutschland zu gelangen. Von da ging es weiter nach Großbritannien. Bozděch wurde britischer Staatsbürger. Antis blieb bei ihm und erhielt 1949 für seine Heldentaten im Krieg die Dickin Medal, die höchste britische Auszeichnung, die einem Tier zuteilwerden kann.

Nachdem die beiden dreizehn Jahre lang glücklich zusammengelebt hatten, starb eines Nachts der treue Deutsche Schäferhund. Obwohl er Hunde liebte, legte sich Bozděch nie wieder einen zu. Antis war unersetzbar, sein Ein und Alles.

D'ARTAGNAN
und andere Drohnenzerstörer

Drohnen sind zu einem wachsenden Sicherheitsrisiko geworden. Während sie zweifellos viele legitime Funktionen haben – unter anderem Aufklärung und Forschung –, können diese fliegenden Roboter, die jeder ganz einfach online oder in Spielzeugläden erwerben kann, von Terroristen für schändliche Zwecke benutzt werden.

Wie holen Sie einen fliegenden Spion oder eine winzige ferngesteuerte Waffe aus der Luft? Sie könnten sie abschießen, aber das würde unter Umständen Chaos verursachen, besonders wenn die Drohne mit noch drehenden Rotoren in einem Ballungsgebiet abstürzt. Im Kampf gegen unerlaubte Flugkörper ist es deshalb sinnvoll, einen überlegenen Flugkörper mit Gehirn und Orientierungssinn einzusetzen. Nehmen Sie den König der Greifvögel: den Adler.

2015 tauchten Kameraaufnahmen von einem Keilschwanzadler auf, der in Australien eine Drohne attackierte und außer Gefecht setzte. Im Jahr davor hatten Forscher des Royal Melbourne Institute of Technology ein Segelflugzeug entwickelt, das per Autopilot den Sturzflug und das Kreisen von Greifvögeln imitiert. Es war ebenfalls von einem Adler heruntergeholt worden. Es scheint, als sei diesen Superhelden unter den Vögeln der Instinkt angeboren, eine Drohne anzugreifen und zu zerstören.

Im Rahmen eines Versuchsprogramms des französischen Militärs wurden vier wertvolle Steinadlereier auf einer Drohne ausgebrütet und die Jungen dort gefüttert. Mit einer Flügelspannweite von über zwei Metern und einem Gewicht von bis zu sechs Kilogramm, mit Krallen wie ein Schraubstock und einer Geschwindigkeit von bis zu dreihundertzwanzig Kilometern im Sturzflug ist der Steinadler von Natur aus ein gefürchteter Krieger. Es galt also lediglich, seine Aggression auf Anweisung auf das richtige Ziel zu lenken.

Die Vögel wurden nach Alexandre Dumas' berühmten Musketieren Aramis, Athos, Porthos und D'Artagnan genannt und darauf trainiert, UAVs – unbemannte Luftfahrzeuge – als Beute anzusehen und herunterzuholen. Für diese im einundzwanzigsten Jahrhundert nützliche Fähigkeit wurden sie wie Falken im Mittelalter mit Fleisch belohnt.

Aber konnten die Musketiere der Lüfte wirklich eingesetzt werden, um in ihren Luftraum eindringende Drohnen zu zerstören? Ein Testflug am französischen

Luftwaffenstützpunkt im Südwesten Frankreichs zeigte, wie D'Artagnan eine Drohne angriff und mit Gewalt zu Boden brachte, nachdem er sechshundertfünfzig Fuß in zwanzig Sekunden zurückgelegt hatte. Der zuständige Luftwaffengeneral erklärte gegenüber Reportern der Nachrichtenagentur Reuters: »Diese Adler können die Drohnen aus Tausenden Metern Entfernung erspähen und ausschalten.«

Wir wissen, dass persönliche Schutzausrüstung wichtig ist, selbst für Superhelden. Deshalb wurden die mächtigen Kreaturen mit speziell konzipierten Fäustlingen aus Leder, gemischt mit einem Explosionsschutzmaterial, ausgestattet.

BOB –
vom Straßenkater zum Star

Bob ist ein moderner Alltagsheld. Seine Geschichte handelt nicht von Tapferkeit im Krieg oder in der Bergrettung. Weder stammt er von einem herrschaftlichen Anwesen noch strebte er ein hohes Amt an. Bob war nie auf Ruhm oder Reichtum aus, und doch ist ihm beides zuteil geworden. Eine Reihe von Bestsellern, ein Spielfilm über sein Leben und der Ruf eines Lebensretters machten aus der Katze von der Straße eine Berühmtheit.

Ehe James Bowen Bücher schrieb, krempelte Bob sein Leben um. »Ich hatte immer Katzen, aber keine war so intelligent wie diese. Er ist außergewöhnlich.« Bowen war ganz unten gelandet. Heroinsüchtig und auf der Straße lebend, verdiente er sein Geld mit Straßenmusik und dem Verkauf der Zeitung *The Big Issue*. Da er unbedingt aus dieser Szene aussteigen wollte, nahm er an einem Wiedereingliederungsprogramm teil, aber das Leben blieb hart für ihn – bis Bob ihn fand.

In der betreuten Einzimmerwohnung im Norden Londons, die mittlerweile sein Zuhause war, konnte er kaum für sich selbst sorgen. Das Letzte, was er brauchte, war ein Haustier. Doch eines Tages, im Jahr 2007, lag Bob zusammengerollt auf dem Flur vor seiner Tür. Bowen fütterte ihn und entdeckte dabei, dass er am Bein verletzt war und Flöhe hatte. Also brachte er ihn zu einem Tierarzt und bezahlte die Behandlung mit seinen letzten dreißig Pfund.

Sobald Bob sich erholt hatte, versuchte James ihn wegzuschicken, aber der Kater wollte nichts davon wissen. Nachdem er ihm mehrmals beharrlich gefolgt war, die Straße entlang, in den Bus und – in einem brenzligen Moment – *über* die Straße, wurde James klar, dass Bob ihn sich ausgesucht hatte: »Er brauchte mich. Damals wusste ich es noch nicht, aber auch ich brauchte ganz klar seine Liebe.«

Bald waren die beiden unzertrennlich; häufig sah man sie zusammen beim Straßenmusikmachen – Bob saß auf einem Teppich, während James sang und spielte. Straßenmusiker mit Hunden gab es viele, aber niemand hatte zuvor einen mit einer Katze gesehen. So wurde das Paar berühmt. Passanten luden Videos in den sozialen Medien hoch, was wiederum Touristen anzog, die das Duo live erleben wollten. Dies war ein Wendepunkt für Bowen. Endlich schaffte er es, die Welt der Drogen und des anschließenden Entzugs hinter sich zu lassen. »Ich glaube, es lag an diesem kleinen Mann«, sagt Bowen über Bob. »Er kam und bat mich um Hilfe, und seine Hilfsbedürftigkeit war stärker als mein Bedürfnis, meinen Körper zu ruinieren. Für ihn wache ich jetzt jeden Morgen auf … Er hat meinem Leben die richtige Richtung gegeben.«

Die zunehmende Aufmerksamkeit, die den beiden entgegengebracht wurde, führte dazu, dass 2010 eine Geschichte in der *Islington Tribune* erschien. Sie erregte das Interesse einer Literaturagentin, die mit der Idee an James herantrat, ein Buch zu schreiben. *A Street Cat Named Bob* (deutsch: *Bob, der Streuner*) verkaufte sich in Großbritannien über eine Million Mal und wurde in fünfunddreißig Sprachen übersetzt. Bowen hat inzwischen acht Bücher geschrieben, die weltweit zu Bestsellern wurden. Der erste Film, in dem Bob sich selbst spielt, wurde 2017 bei den National Film Awards als bester britischer Film ausgezeichnet. Viele Male war er zusammen mit James auch im Fernsehen zu bewundern, wo er mit seinem coolen Auftreten und der Fähigkeit, auf Befehl High Five zu geben, allen die Show stahl.

Bob hat das Kunststück vollbracht, das Leben eines Mannes zu verändern, der keine Hoffnung mehr hatte. Nun lebten die beiden glücklich in Surrey – Bob in einem von James gebauten »Katio«, in dem er ungestört in der Sonne baden konnte, während Bowen weiter Bücher schrieb und ungeheure Summen für die Obdachlosenhilfe und Tierschutzorganisationen sammelte.

Kater Bob starb am 15. Juni 2020 im Alter von ungefähr vierzehn Jahren. James resümiert: »Bob rettete mir das Leben. So einfach ist das. Er leistete mir nicht nur Gesellschaft. Mit ihm an meiner Seite bekam mein Leben eine Richtung und einen Zweck, den ich zuvor vermisst hatte. Der Erfolg, den wir mit unseren Büchern und Filmen hatten, war wunderbar. Er begegnete Tausenden von Menschen, berührte Millionen. Einen Kater wie ihn wird es nie wieder geben.«

BOBBIE,
der Fernwanderer

Eines meiner Lieblingsbücher als Kind war *The Incredible Journey* von Sheila Burnford. Die Geschichte handelt von zwei Hunden und einer Katze, die sich auf eine Reise durch die kanadische Wildnis begeben. Während sie eine Strecke von fast fünfhundert Kilometern zurücklegen, um zu ihrer Familie und ihrem Zuhause zu gelangen, bezwingen sie gefährliche Feinde und bestehen brenzlige Situationen. Ich fand es immer erstaunlich, dass Tiere den Weg nach Hause finden und sich über große Entfernungen orientieren können. Ob Käfer oder Vögel, Schildkröten oder Termiten – sie brauchen keine Karte und kein Navi, die ihnen den Weg weisen.

Im April 2016 beschloss Pero, ein abenteuerlustiger vierjähriger Hütehund, nicht länger auf dem Bauernhof in Cockermouth in Cumbria (Nordwestengland) zu bleiben, wo er beim Treiben der Schafe helfen sollte. Er lief fast vierhundert Kilometer, um an seinen Geburtsort in der Nähe von Aberystwyth an der Küste von Mittelwales zurückzukehren. Dafür brauchte er zwei Wochen. Als er seinen ursprünglichen Besitzer und Züchter Alan James wiedersah, war er außer sich vor Freude. Die Überprüfung eines Chips bestätigte, dass es Pero tatsächlich zurück zu seinem ersten Zuhause geschafft hatte.

Die Fähigkeit, nach Hause zu finden, beruht auf »persönlichen Bindungen« zwischen einem Besitzer und seinem Hund sowie auf der Biologie des Hundes. Sein Geruchssinn kann mehr als vergrabene Knochen, Flüchtende oder Drogen erschnüffeln, er liefert ihm auch Geruchseindrücke von dem Ort, an dem er sich befindet. Hunde reagieren zudem sehr stark auf Belohnung – positive Assoziationen mit bestimmten Orten führen zu dem übermächtigen Wunsch, dorthin zurückzukehren.

Einige Hunde besitzen diese Fähigkeit, nach Hause zu finden, in außergewöhnlichem Maß. In den frühen 1920ern rührte die Geschichte von Bobbie, dem Wunderhund, ganz Amerika. Bobbie, ein zweijähriger Collie-Mix, war das geliebte Haustier der Familie Brazier, die im Sommer 1923 ihr Overland Red Bird Touring Car belud und in Richtung Osten nach Indiana in die Ferien fuhr. Bobbie saß stolz auf einem Berg Gepäck auf dem Rücksitz.

Als sie an einer Tankstelle anhielten, stürzte sich eine Horde Straßenhunde auf ihn. Das Letzte, was Frank Brazier von seinem Hund sah, war, wie er, verfolgt von drei knurrenden Hunden, um sein Leben rannte. Die Braziers suchten ihn überall. Sie telefonierten in der Stadt herum, gaben eine Anzeige in der örtlichen Zeitung auf und fuhren die Gegend ab. Aber niemand hatte ihn gesehen, es gab keine Hinweise. Der Hund war verschwunden. Schließlich fuhren sie schweren Herzens ab, mit der Bitte, ihn, falls er auftauchte, auf ihre Kosten mit der Bahn nach Hause zu schicken.

Niedergeschlagen kehrte die Familie nach Oregon zurück. Sie hatten bereits alle Hoffnung aufgegeben, da stand im Februar 1924 – sechs Monate, nachdem sie Indiana verlassen hatten – ein verwahrloster Bobbie vor der Tür ihres Lokals.

Es grenzte an ein Wunder, dass er die Strapaze überlebt hatte. Bobbie war über viertausend Kilometer durch acht Staaten gelaufen, hatte Gebirge überwunden, Wüsten und Prärien durchquert. Er war durch Flüsse geschwommen und hatte im tiefsten Winter die Kontinentale Wasserscheide überquert. Klar, dass er sich in einem schlechten Zustand befand: schwach, schmutzig und abgemagert, die Pfoten wund gelaufen. Die Braziers nahmen ihn sprachlos und überglücklich in Empfang.

Innerhalb einer Woche sorgte die Geschichte für nationale Schlagzeilen. Freundliche Menschen, bei denen Bobbie auf seiner Reise ein oder zwei Nächte verbracht hatte, meldeten sich und erzählten, wie der seltsame Hund aufgetaucht und wieder verschwunden war, scheinbar in einer Mission unterwegs.

Mit all diesen Informationen konnte die Oregon Humane Society die Route, die Bobbie genommen hatte, erstaunlich genau rekonstruieren. Er war den Braziers zuerst in nordöstlicher Richtung gefolgt, weiter nach Indiana hinein. Dann muss er Erkundungstouren in verschiedene Richtungen unternommen haben – vielleicht auf der Suche nach einem vertrauten Geruch, der ihm ein Gespür für die Richtung gab, in die er gehen musste. Schließlich fand er, wonach er gesucht hatte, und lief Richtung Westküste. Die Braziers hatten ihr Auto auf ihrer Fahrt jede Nacht an einer Tankstelle abgestellt. Jeder von ihnen stattete Bobbie einen Besuch ab, ebenso wie einer Reihe von Privatquartieren. In Portland blieb er eine Zeit lang bei einer Irin, die ihn mit verletzten Beinen und Pfoten gefunden hatte und versorgte, bis er wieder gesund war.

Nachdem sich Bobbies Geschichte in den Vereinigten Staaten verbreitet hatte, traf Fanpost von Bewunderern aus dem ganzen Land ein. Er bekam den Spitznamen »Bobbie, der Wunderhund«, Bücher und Artikel erschienen über ihn, ja, er wurde sogar ein Filmstar. Berge von Geschenken gingen ein, darunter ein juwelenbesetztes Halsband, und er erhielt den Stadtschlüssel seiner Heimatstadt Silverton sowie die besondere Erlaubnis, frei durch die Straßen zu laufen, ohne die städtischen Hundefänger fürchten zu müssen.

Als Bobbie 1927 starb, wurde er mit allen Ehren beigesetzt, über zweihundert Menschen gaben ihm das letzte Geleit, und der berühmte Hunde-Filmstar Rin Tin Tin, ein Deutscher Schäferhund, legte einen Kranz auf sein Grab.

KANARIENVÖGEL
im Frühwarneinsatz

Winzig und doch mächtig: Diese lauten, leuchtenden Vögel haben schon Tausende von Menschenleben gerettet. Die Männchen der ursprünglich von den Kanarischen Inseln stammenden Tiere zeichnen sich durch einen schönen Gesang aus; im siebzehnten Jahrhundert wurden sie in Gefangenschaft gezüchtet und als exotische Vögel verkauft. Zunächst besonders beim Adel in Spanien beliebt, brachten spanische Seeleute sie von dort nach Großbritannien. Während sie im achtzehnten und neunzehnten Jahrhundert der Unterhaltung der Oberschicht dienten, hielten sie im zwanzigsten Jahrhundert in der Arbeiterklasse Einzug, bei denen, die unter Tage arbeiteten.

Unsere Geschichte beginnt mit John Scott Haldane, einem schottischen Physiologen, dem »Vater der Sauerstofftherapie«, der für die riskanten Versuche, die er an sich und seinem Sohn vornahm, bekannt war. Dazu gehörte, sich in einer abgedichteten Kammer einzuschließen, verschiedene (potenziell tödliche) Gasgemische einzuatmen und dann über die Wirkung auf Körper und Geist zu berichten. Haldane entwickelte sowohl die Dekompressionskammer, die das Tiefseetauchen ermöglicht, als auch das Sauerstoffzelt. Nachdem er im Ersten Weltkrieg von Lord Kitchener an die Front geschickt worden war, um die von den Deutschen eingesetzten Giftgase zu identifizieren, erfand er eine frühe Form der Gasmaske.

Besonders interessiert war er am Kohlebergbau, der im neunzehnten und frühen zwanzigsten Jahrhundert mit großen Gefahren verbunden war. Tausende von Arbeitern riskierten täglich ihr Leben, wenn sie sich tief unter die Erde begaben, um Kohle abzubauen. Häufig kam es zu Unfällen durch Explosionen, Tunneleinbrüche oder tödliche Gase, jedes Jahr gab es Hunderte von Toten. Haldane untersuchte zahlreiche dieser Unglücke, und schließlich gelang es ihm, als Ursache für die Explosionen Kohlenmonoxid nachzuweisen. Daraufhin überprüfte er in einer geschlossenen Kammer die Wirkung des Gases auf seinen eigenen Körper und beschrieb anschaulich die Folgen der langsamen Vergiftung.

Im neunzehnten Jahrhundert waren die Bergleute auf primitive Detektoren wie Öllaternen angewiesen, um sie vor gefährlichen Gasen zu warnen, aber es gab keinen Indikator für Kohlenmonoxid. Haldane schlug den Einsatz von Kanarienvögeln als Wachposten vor. Die Vögel waren seiner Meinung nach perfekt geeignet, um erste Anzeichen toxischer Gase unter der Erde auszumachen, weil sie ungeheure Mengen Sauerstoff benötigen, um fliegen zu können – in Höhen, die bei den meisten Lebewesen zur Höhenkrankheit führen. Ihre Anatomie erlaubt es ihnen, sowohl beim Einatmen wie beim Ausatmen eine Dosis Sauerstoff zu bekommen, da sie über zusätzliche Luftsäcke verfügen.

Kleine Vögel waren damals sehr beliebte Haustiere, und so nahmen die Bergarbeiter die Idee begeistert auf. Haldanes Vorschlag, für denselben Zweck weiße Mäuse einzusetzen, kam weniger gut an, ähnelten sie doch zu sehr den gefürchteten Ratten, die den Bergarbeitern zu schaffen machten. In vielen Rettungsstellen, die im ersten Jahrzehnt des zwanzigsten Jahrhunderts eingerichtet wurden, befanden sich bald Volieren, und 1914 verkündeten Bergämter stolz, »Kanarienvögel retten über achthundert Leben im Jahr«.

Die Bergarbeiter schätzten die farbenfrohen, lauten Tiere und behielten sie im Auge. Sobald sie aufhörten zu singen oder Anzeichen von Atemnot zeigten, eilten die Kumpel herbei, um ihnen zu helfen. In solchen Fällen wurden die Vögel zuerst versorgt. Einige hielt man sogar in speziellen Käfigen, an denen kleine Sauerstoffflaschen befestigt waren, um sie wiederzubeleben. Dieses Frühwarnsystem wurde nach und nach von anderen Ländern übernommen, darunter Kanada und die USA. 1986, als es gesetzlich verboten wurde, waren noch zweihundert Kanarienvögel in britischen Gruben im Einsatz, und die Bergarbeiter verzichteten nur ungern auf ihre sangesfreudigen Kollegen. Heutzutage erfüllen tragbare elektronische Sensoren diese Aufgabe.

Über einen anderen Fall, bei dem ein Kanarienvogel Leben gerettet hat, berichtete die *New York Times* am 7. April 1906 in einem kurzen Beitrag. Sein Name wird nicht genannt, aber es ist klar, dass der kleine Vogel eine ganze Familie vor dem sicheren Tod bewahrte.

John Bietze, seine Frau und ihre kleine Tochter Ida lebten in Middletown, New York, und erlaubten ihrem Kanarienvogel frei im Haus herumzufliegen. Als das schrille Zwitschern des Vogels vom Ende seines Bettes Bietze am frühen Morgen aus tiefem Schlaf weckte, entdeckte er, dass aus dem Herd Gas ausströmte und bereits die Zimmer füllte, in denen die Familie schlief. Der Kanarienvogel hatte ihn gerade noch rechtzeitig darauf aufmerksam gemacht. Nur mit Mühe schaffte er es, seine Frau aufzuwecken, seine Tochter fand er bereits bewusstlos und nach Atem ringend. Er zerrte beide nach draußen an die frische Luft und brachte sie so in Sicherheit. Als er zurückkam, um auch den Vogel zu retten, war der kleine Held tot.

CROMMIE,
empathischer Agentenbetreuer

Stellen Sie sich vor, Sie finden heraus, dass Ihr geliebtes Haustier eine heldenhafte Vergangenheit hat. Für Charles Shaw war Cromwell (genannt Crommie) schlicht »das erste in einer langen Reihe von Haustieren in meinem Leben«. Erst 2015, mit Ende sechzig, erfuhr er die ungewöhnliche Wahrheit über seinen Golden Cockerspaniel.

Während des Zweiten Weltkriegs war sein Vater, Luftwaffenmajor Cautley Nasmyth Shaw, für den Secret Intelligence Service (den britischen Auslandsgeheimdienst) in Bletchley Park mit verdeckten Einsätzen betraut. Damit beauftragt, eine »geheime Basis in Farm Hall, Godmanchester, in der Nähe von Huntingdon einzurichten und dort Geheimagenten auszubilden«, nahm er, da er lange von seiner Familie getrennt sein würde, zur Gesellschaft seinen Hund mit. Farm Hall war ein Auffangbecken, ein geheimer Unterschlupf, um Agenten von den Flugplätzen in Tempsford oder Harrington zu entsenden oder sie zu befragen, wenn sie von ihren Einsätzen zurückkehrten.

Der SIS, besser bekannt unter dem Namen MI6 (was für Military Intelligence Service, Section 6 steht), galt im Verlauf des Krieges als der erfolgreichste Geheimdienst der Welt, mit Aktivitäten in Europa, Lateinamerika und

Asien. Der Druck auf die Agenten – genannt Joes – war ungeheuer. Diejenigen, die sich auf dem Höhepunkt des Zweiten Weltkriegs darauf vorbereiteten, in das von den Nazis beherrschte Europa zu fliegen, wussten, dass sie vielleicht nie wieder nach Hause zurückkehren würden. Die Männer hatten spürbar Angst vor den Einsätzen, denn wenn sie erwischt wurden, erwarteten sie Folter und Tod. Ihre Aufträge waren so streng geheim, dass sie ihre Sorge mit niemandem teilen konnten. Zumindest nicht mit jemandem, der sprechen konnte. Da kam Crommie ins Spiel – um für die dringend nötige Ruhe und Gelassenheit zu sorgen.

Dokumente des stellvertretenden Majors, Oberstleutnant Bruce Bonsey, belegen, welchen Einfluss die Anwesenheit des Hundes auf die Verfassung der Männer hatte. Einmal konnte ein tschechischer Agent wegen schlechten Wetters im Abwurfgebiet nicht landen wie geplant und war gezwungen, zur Basis zurückzukehren. Nachdem er sich intensiv auf den Einsatz vorbereitet hatte, war er angesichts seines gescheiterten Auftrags ungeheuer niedergeschlagen. Bonsey notierte, dass er plötzlich, als er Crommie sah, in Tränen ausbrach, den Hund hochhob und die ganze Nacht nicht wieder losließ: »Nach seiner Ankunft in Farm Hall verweigerte er sowohl Essen als auch Trinken, ging direkt nach oben, legte den Hund auf sein Bett, zog sich aus, nahm den Hund in die Arme und ging schlafen. Der leitende Offizier erzählte mir, dass der Joe am nächsten Morgen, als er aufwachte und Crommie noch immer bei ihm lag, völlig verändert war, fröhlich, ruhig und entschlossen, am Abend wieder loszugehen.« Sein Einsatz soll erfolgreich gewesen sein.

Crommies ruhiges und geselliges Wesen war das perfekte Gegenmittel zu dem Druck, der auf einem Spion lastete, bevor er einen Auftrag übernahm. Bonsey betrachtete ihn als Geheimwaffe: »Ich habe oft gesehen, wie er sich neben einen Joe setzte, der sich Sorgen machte oder unglücklich war, und wie es ihm immer wieder gelang, den Mann durch diese mitfühlende Aufmerksamkeit aufzumuntern.« Er beschrieb Crommie als »einen Golden Cockerspaniel von ungewöhnlicher Intelligenz und einer sehr fröhlichen, freundlichen Natur«. Unter den Spezialagenten war der Hund bald so bekannt, dass sein Name als Codewort benutzt wurde, um anzuzeigen, dass sie sicher in Frankreich gelandet waren: »Love to Crommie« bedeutete, dass alles in Ordnung war.

Es ist erwiesen, dass Tiere in schwierigen Situationen hilfreich sind. Florence Nightingale etwa notierte, dass ein kleines Tier »für Kranke oft eine ausgezeichnete Gesellschaft (ist), besonders in langen chronischen Fällen«. (Sie selbst hatte bekanntermaßen eine Eule namens Athena als ständige Begleiterin, die sie auf allen Reisen in ihrer Tasche bei sich trug.) Und Sigmund Freud war überzeugt, dass Hunde Anspannung spüren und verringern können und dass die Anwesenheit seines Hundes Jofie in Psychotherapiesitzungen es seinen Patienten leichter machte, sich zu öffnen. Neuere Forschungen haben gezeigt, dass der Cortisolspiegel eines Menschen in Gegenwart von Hunden sinkt, weil sie Ängste und Sorgen lindern.

Crommie hatte zwar keine Ausbildung erhalten, aber er spürte intuitiv, wenn Menschen seine Hilfe brauchten. Das machte ihn unbezahlbar. Als der Krieg zu Ende war, kehrte Crommie auf die Farm der Familie in Afrika zurück und gewöhnte sich an das Leben eines viel geliebten Haustiers. 1953 oder 1954 starb er friedlich in reifem Alter.

Erst als die Dokumente von Oberstleutnant Bonsey gefunden wurden, erfuhr Charles Shaw, welche bedeutende Rolle Crommie einmal gespielt hatte. Als ihr geliebter Hund 2019 posthum für eine Auszeichnung der PDSA nominiert wurde, nahmen Charles und sein Bruder David sie an Crommies Stelle entgegen. Bei der Zeremonie beschrieb Amy Dickin, die durch die Veranstaltung führte, Crommie als »Vorläufer unserer heutigen Therapiehunde, die sich ihrer Aufgabe gar nicht bewusst sind«.

David Shaw würdigte diejenigen, die hinter den Kulissen in Hall Farm arbeiteten und »zum Wohlbefinden der ›Joes‹ beigetragen haben, ihren moralischen Beitrag. Jetzt wissen wir, dass Crommie zu diesen moralischen Unterstützern gehörte und durch seine Ruhe, seine ständige Anwesenheit und unvoreingenommene Treue wahrhaft inspirierend wirkte – und das alles als sogenannter ›normaler Hund‹, ziemlich erstaunlich.«

Später wurde in Farm Hall eine Statue mit einer blauen Plakette enthüllt, auf der stand: »Crommie, der im Zweiten Weltkrieg Agenten Trost spendete.« Charles fügte hinzu: »Es war ein Privileg, an einer Gedenkfeier für Mut, Engagement und furchtlose Heldentaten in den dunklen Tagen des Krieges teilzunehmen, als unser Inselstaat um sein Überleben kämpfte. Man sagt, ›jeder hat mal seinen Glückstag‹, Crommie hatte seinen jedenfalls an diesem Tag.«

CHER AMI,
Kriegsheldin, Abteilung Nachrichtendienst

Tauben spielen bei militärischen Einsätzen schon seit vielen Jahrhunderten eine wichtige Rolle. Kyros II. kommunizierte mit ihrer Hilfe bereits im 6. Jahrhundert v. Chr. mit den entlegenen Gebieten seines persischen Reiches, und Julius Caesar nutzte sie während der Eroberung Galliens zum Versenden von Nachrichten. Im frühen 13. Jahrhundert setzte Dschingis Khan, Herrscher des Mongolischen Reiches, auf Taubenpost, um Neuigkeiten von seinen Feldzügen in Asien und Osteuropa zu übermitteln, und 1815 brachte angeblich eine Brieftaube, die Nathan Rothschild gehörte, die Botschaft von der Niederlage Napoleons in der Schlacht von Waterloo nach Hause (was Rothschild in die Lage versetzte, bei der Investition in britische Staatsanleihen anderen Händlern zuvorzukommen).

Als Lebensretter erwiesen sich Tauben auch im eiskalten Winter 1870/71 während der viereinhalbmonatigen

Belagerung von Paris durch die preußische Armee. Abgeschnitten vom Rest der Welt verschlimmerte sich die Lage in der besetzten Stadt so sehr, dass die hungernden Menschen sogar Haustiere und Ungeziefer aßen. Umso wichtiger war es, die Verbindung nach außen aufrechtzuerhalten. Nachdem es gelungen war, mit einem Gasballon Post aus der Hauptstadt zu schmuggeln, brachte man mit einem zweiten Gasballon, der Ville de Florence, drei Brieftauben auf den Weg und schuf so eine Zweiwegekommunikation. Allerdings kehrten von den im Verlauf der Belagerung über vierhundert ausgesandten Tauben nur dreiundsiebzig zurück.

Zu Ehren der Vögel und der Ballonpiloten wurde im Januar 1906 an der Porte de Ternes eine Metallstatue errichtet, geschaffen von Frédéric Bartholdi, dem Schöpfer der Freiheitsstatue. Leider wurde sie im Zweiten Weltkrieg von deutschen Besatzungstruppen zu Munition eingeschmolzen. In seinem Buch *Inside Paris During the Siege* (1871) beschreibt Denis Arthur Bingham die »heldenhafte Verteidigung« von Paris durch die Tauben, denen »die Bewunderung der ganzen zivilisierten Welt« gelte und die »von allen Patrioten als heilig« angesehen würden.

Zu Beginn des Ersten Weltkrieges waren Tauben bei militärischen Operationen auf allen Seiten eine feste Größe. Eine gute Brieftaube fliegt mehr als neunzig Kilometer, um nach Hause zu kommen, entscheidend aber ist, dass sie *über* die feindlichen Linien hinwegfliegen kann, also nicht durch sie hindurchmuss. Tauben waren deshalb von unschätzbarem Wert bei den Kriegseinsätzen.

Zwischen 1914 und 1918 bot die französische Armee mehr als dreißigtausend Brieftauben auf und wer ihren Flug behinderte, musste mit der Todesstrafe rechnen. Eine Taube namens Le Vaillant wurde sogar mit dem Ordre de la Nation ausgezeichnet, weil sie während der Schlacht von Verdun vielen Soldaten das Leben gerettet hatte.

Eine amerikanische Militärtaube wiederum, Cher Ami, ein dunkelgehämmerter Täuberich, gehörte zu den sechshundert Vögeln, die die Amerikaner im Ersten Weltkrieg zur Nachrichtenüberbringung und Erkundung einsetzten. Er transportierte die Botschaften in einem winzigen metallenen Röhrchen, das an seinem Bein befestigt war. Um das Gewicht möglichst gering zu halten, waren die Nachrichten meist sehr kurz. Cher Ami war ursprünglich von britischen Taubenzüchtern gespendet worden und überbrachte insgesamt zwölf wichtige Mitteilungen, die letzte und entscheidende rettete die Überlebenden aus Major Charles Whittleseys »verlorenem Bataillon« der 77. Infanteriedivision.

Das Bataillon war den Deutschen zahlenmäßig stark unterlegen, zudem war die Munition ausgegangen. Im Laufe des Tages stieg die Zahl der Opfer unaufhörlich und die Soldaten bemerkten, dass sie nicht nur vom Feind, sondern auch von den eigenen Leuten beschossen wurden, die sie nicht erkannten. So forderten sie verzweifelt Hilfe an. Ihre erste an eine Taube gebundene Nachricht lautete: »Viele Verwundete, wir kommen nicht raus«, aber der Vogel wurde abgeschossen, sobald er losgeflogen war. Mit einer zweiten Nachricht: »Die Männer leiden. Kann keine Unterstützung geschickt werden?« passierte dasselbe. Cher Ami war die letzte Taube des Bataillons und also die letzte Hoffnung auf Rettung. Mit der Botschaft »Wir sind bei der Straße parallel zu 276.4. Unsere eigene Artillerie hat uns unter Beschuss. For heaven's sake, stop it!« flog er, unter Dauerbeschuss, los. Er wurde an der Brust getroffen und fiel zu Boden, hob aber wie durch ein Wunder wieder ab, schaffte es, fünfundzwanzig Meilen zu fliegen und das Röhrchen abzuliefern, das an seinem gebrochenen Bein hing. Sofort wurde eine Befreiungsaktion gestartet, um das verlorene Bataillon zurückzuholen, und Militärärzte kümmerten sich um Cher Amis Bein und auch sein Auge, das durch den Angriff erblindet war.

Cher Amis Tapferkeit war es zu verdanken, dass es einhundertvierundneunzig Soldaten sicher an die amerikanischen Linien zurückschafften. Er wurde für seinen heldenhaften Einsatz mit dem Croix de Guerre ausgezeichnet und kehrte in die Vereinigten Staaten zurück, wo man ihm ein hölzernes Bein verpasste. Als er acht Monate später 1919 starb, wurde sein Körper präpariert, um ihn im National Museum of American History des Smithsonian Museums in Washington, D. C. auszustellen. 1931 wurde Cher Ami in die Racing Pigeon Hall of Fame aufgenommen und erhielt vom amerikanischen Taubenzüchterverband in Anerkennung seines Kriegsdienstes eine Goldmedaille, und 2019 bekam er bei einer Zeremonie auf dem Capitol Hill, Washington D. C. als einer der Ersten die Tapferkeitsmedaille für Tiere in Krieg und Frieden.

Die Geschichte hat noch eine Pointe. Erst als der Präparator die Taube aufhängte, stellte sich heraus, dass es sich bei Cher Ami um ein Weibchen handelte, also um *Chère Amie*.

CHRISTIAN,
Partylöwe der Swinging Sixties

Am Ende der Swinging Sixties erstrahlte London in psychedelischem Glanz. Verschwunden war die Düsternis der Nachkriegsjahre, die Wirtschaft boomte, die Stadt war ein Experimentierfeld, exzentrisch und exotisch. Sie strotzte vor Jugendlichkeit: Vierzig Prozent der Bevölkerung waren unter fünfundzwanzig, voller Hoffnung und Dope. Vom Nachrichtenmagazin *Time* die »swinging city« genannt, war London auch die unumstrittene Hauptstadt der Mode.

Hotspots waren Carnaby Street und King's Road, wo sich unzählige mit Ware vollgestopfte Boutiquen aneinanderreihten, sowie das Harrods in Knightsbridge, wo man angeblich alles kaufen konnte. Und so war es. Vom Klavier bis zum Kinderschuh, vom Lunch bis zum Diamantring. Auch die berühmte Zooabteilung des Harrods hatte sich seit ihrer Eröffnung 1917 einen Namen gemacht. Vor dem 1973 unterzeichneten Washingtoner Artenschutzab-

kommen wurden dort alle möglichen wilden Tiere feilge-
boten, darunter Panther und Tiger. 1951 etwa erhielt der
britische Schauspieler Noël Coward einen Alligator als
Weihnachtsgeschenk, der dort gekauft worden war, und
der zukünftige US-Präsident Ronald Reagan rief 1967 wegen eines Elefantenbabys namens Gertie an, das er erste-
hen wollte.

Als zwei junge Australier 1969 bei Harrods ein Löwenbaby in einem winzigen Käfig sahen, war ihnen sofort
klar, dass sie es dort herausholen mussten. Sie bezahlten
zweihundertfünfzig Guinee (nach heutigem Kurs ungefähr dreitausendfünfhundert Pfund) und spazierten
mit dem Löwen an der Leine aus dem Laden. Sie nannten ihn Christian (weil Christen einst den Löwen zum
Fraß vorgeworfen wurden) und nahmen ihn mit in ihre
Wohnung, die über einem Möbelgeschäft in Chelsea lag.
Klingt verrückt, ist aber wahr.

John Rendall und Anthony »Ace« Bourke, die sich seit
Kindertagen kannten, waren auf der Suche nach Abenteuern zusammen nach London gegangen, wobei sich
die beiden Tierfreunde unter »Abenteuer« sicher etwas
anderes vorgestellt hatten, als sich um einen Löwen zu
kümmern. Doch Christian veränderte ihr Leben. Die
beiden überzeugten den Inhaber des Möbelgeschäfts,
dass es kein Problem sei, einen Löwen in der Wohnung
zu halten, und Christian zog ein. Er fand sich erstaunlich
schnell zurecht, saß auf ihrem Schoß, wenn sie Zeitung
lasen, und lernte innerhalb von Tagen ein überdimensio-
niertes Katzenklo zu benutzen.

Bald wurde Christian jedoch zu groß für ihre Woh-

nung, sodass Rendall und Bourke ihn in das Tiefpar-
terre des Möbelgeschäfts umquartieren mussten, das den
treffenden Namen Sophisticat trug. Dass der verspielte
Löwe die Mitarbeiter des Ladens zu seinem heimlichen
Rudel machte, bereitete dem Besitzer und der Geschäfts-
führerin keine Probleme. Die Putzhilfe war weniger begeistert, nachdem Christian sich angewöhnt hatte, ihr
Staubsauger und Staubtücher wegzunehmen.

Nachts saß Christian am Fenster und beobachtete die
vorbeifahrenden Autos. Er wurde der Liebling der Kinder in seinem Viertel, die in Scharen kamen, um »ihren«
Löwen zu sehen, wann immer sie konnten. Ein örtlicher
Pfarrer erlaubte Rendall und Bourke, auf dem Kirchhof-
gelände der Herrnhuter Brüdergemeinde in World's End
am westlichen Ende der King's Road mit ihm zu trainieren. Die Vereinbarung hielt jedoch nicht lange: Der Pfarrer beendete sie an dem Tag, als Christian aufs Dach seines Autos sprang und sich weigerte herunterzukommen.

Bei schönem Wetter machten die drei Tagesausflüge
ans Meer, und wenn er Ace und John in Restaurants und
zu Partys begleitete, saß Christian hinten in ihrem Mer-
cedes Cabrio. »Er war sehr brav«, sagte Rendall 2011 in
einem Interview gegenüber dem *Guardian*. »Aber obwohl er nie jemanden biss oder verletzte, war es gefährlich, seine Kraft zu unterschätzen. Ich erinnere mich,
dass ich ihn einmal mit zu einer Party nahm und er auf
den Schoß einer Freundin sprang, die er eine Weile nicht
gesehen hatte. Als er seine Pranken auf ihre Schultern
legte, verhedderten sich seine Krallen im Träger ihres
Kleides und es landete komplett auf dem Fußboden.«

Die beiden wussten, dass Christian nicht für immer bei ihnen bleiben konnte. Es war von Anfang an ihr Plan gewesen, ihn längstens zwölf Monate zu behalten und dann einen passenderen Platz für den König des Dschungels zu finden. Sie sahen sich Longleat, den gerade im Süden Englands eröffneten ersten Safaripark außerhalb Afrikas an, auch zogen sie in Erwägung, ihn auf einen Landsitz zu geben. Der Zufall brachte die perfekte Lösung, als Bill Travers und Virginia McKenna, die Stars des Tierfilms *Born Free*, in das Geschäft kamen, um einen Schreibtisch zu kaufen. Die beiden hatten keine Ahnung, dass Sophisticat neben Möbeln auch einen Löwen beherbergte, waren aber nicht sonderlich erstaunt, ein wildes Tier im Zentrum des Swinging London zu finden. Vor allem aber wussten sie, wer Christian helfen konnte, ein Leben in der Wildnis zu führen.

Einen gewissen Bekanntheitsgrad hatte der Naturschützer George Adamson, seit er zusammen mit seiner Frau Joy in den späten 1950ern die Löwin Elsa großgezogen und dann erfolgreich im Meru National Park freigelassen hatte. Adamson, auch *Baba Ya Simba* (Swahili für Vater der Löwen) genannt, gab seinen Posten als Wildhüter 1961 auf und widmete sich der Aufzucht und Wiedereingliederung gefangener oder verwaister Löwen, um sie in ihren natürlichen Lebensraum zu entlassen. 1970 zog er in den abgelegenen Kora Nationalpark im Norden Kenias, wohin Rendall und Bourke Christian für sein neues Leben brachten.

Die ersten paar Tage benahm Christian sich wie ein jugendlicher Tourist, fläzte sich auf Rendalls oder Bourkes Feldbett. Doch sie hatten den perfekten Zeitpunkt gewählt: Boy, ein Löwe, der im Film *Born Free* eine Rolle hatte, war verletzt worden und erholte sich gerade in Kora. Das bot Christian die Gelegenheit, von einem Löwen, der bereits im Busch gelebt hatte, die Fähigkeiten zu erlernen, die er zum Überleben brauchte. Den Australiern fiel es schwer, ihr geliebtes Haustier abzugeben, aber ihnen war klar, dass sie ihn an den richtigen Ort gebracht hatten. Rendall sagte: »Es war so aufregend, Christian in der richtigen Umgebung zu sehen. Er war plötzlich nicht mehr ›exotisch‹, sondern passte einfach hinein, verschmolz mit der Landschaft. Dennoch war es schmerzlich, ihn zurückzulassen, vor allem angesichts der unvermeidlichen Gefahren und Härten, denen ein Tier in der Wildnis ausgesetzt ist, ein verwöhntes zumal.«

Adamson stellte fest, dass sein neuer Schützling es instinktiv verstand zu jagen und Dornen aus seinen Pfoten zu entfernen, aber er musste noch viel lernen. Der erste Schritt, um Christian in das normale Leben eines Löwen einzugliedern, bestand darin, ein Kernrudel zusammenzustellen. Mit einem älteren Löwen, Boy, hatte Adamson ihn ja schon zusammengebracht, nun kam noch ein weibliches Löwenbaby, Katania, dazu.

Aber es lief nicht nach Plan. Zuerst wurde Katania bei einer Flussdurchquerung abgetrieben und von Krokodilen gefressen, dann wurde Boy von Adamson erschossen, nachdem er einen Helfer tödlich angegriffen hatte. Offenbar war ihm durch seine schwere Verletzung die Fähigkeit abhanden gekommen, friedlich mit Menschen und Tieren zu interagieren. Adamson wiederum hatte für eine sichere Wiedereingliederung der Löwen zu sorgen. Nun waren Menschen ums Leben gekommen. Sein Ruf stand auf dem Spiel. Schließlich fand er jedoch zwei neue Löwinnen und konnte wieder ein Rudel gründen, mit Christian als Anführer.

Ein Jahr später reisten Rendall und Bourke noch einmal nach Kenia, um zu sehen, wie Christian mit dem Leben in der Wildnis zurechtkam. Sie waren gewarnt worden, es sei wenig wahrscheinlich, dass der Löwe auf sie reagieren würde, doch die Wiederbegegnung, von Amateuren gefilmt, ist eine der herzergreifendsten Szenen, die man oder frau zu sehen bekommen kann.

Der Löwe kommt langsam den Felsen herunter, dann dämmert es ihm. Das sind nicht irgendwelche alten Kerle, die da stehen und ihn beobachten – es sind *seine* Jungs. Er läuft auf sie zu und umarmt sie, legt nacheinander seine riesigen Pranken auf ihre Schultern und reibt seinen Kopf an ihrem. Er ist außer sich vor Freude. Das Filmmaterial wurde 2008 auf YouTube hochgeladen und seitdem über hundert Millionen Mal angesehen.

1971 veröffentlichten die beiden das Buch *A Lion Called Christian*, 1972 reisten sie ein letztes Mal nach Kora. Adamson hatte Christian drei Monate nicht gesehen und war unsicher, ob er auftauchen würde. Wieder sagte er den Männern, es sei unwahrscheinlich, dass Christian sie wiedererkennen würde, jetzt, da er drei Jahre alt sei und selbst Junge habe. Ein paar Tage nach ihrer Ankunft schlenderte der Löwe ins Camp.

Er war groß geworden, voll ausgewachsen, reif und vermutlich würdevoller, aber Rendall erzählte: »Er warf

George um, sprang auf den Tisch und unterbrach das Abendessen. Er versuchte, sich auf unseren Schoß zu setzen, obwohl er jetzt eine über zweihundert Kilo schwere Wildkatze war.« Er blieb die ganze Nacht bei seinen früheren Besitzern, spielte mit ihnen und kugelte sich vor Freude. Ein paar Tage später verließ er sie, um zu seinem Rudel zurückzukehren, und sie sahen ihn nie wieder.

Als Christian ausgewildert wurde, gab es noch ungefähr zweihundertfünfzigtausend Löwen in Afrika. Jetzt sind es weniger als zwanzigtausend. Die Art muss geschützt werden, sonst wird sie noch zu unseren Lebzeiten ausgestorben sein.

CONGO,
ein gefragter Maler

Congos Talent wurde 1956 von Desmond Morris entdeckt, als er im Rahmen einer dreijährigen Studie am Londoner Zoo für das Buch *The Naked Ape: A Zoologist's Study of the Human Animal* forschte. Als Morris dem Schimpansen das erste Mal einen Bleistift und ein Stück Pappe gab, notierte er: »Etwas Seltsames kam aus dem Ende des Bleistifts. Es war Congos erste Linie. Sie wanderte ein kurzes Stück übers Blatt und endete dann. Würde das noch einmal passieren? Ja, es geschah wieder und wieder.« Morris staunte über das, was er sah. »Kein anderer Affe kontrollierte die Zeichnung, produzierte Formen und variierte sie so wie er«, erklärte der Forscher. »Congo war ein Genie. Er war der Leonardo der Affenmalerei.«

Als Morris Congo mit Farben ausstattete, entstand daraus zunächst nur »zielloses Gekleckse. Die Farben, die ich ihm gab, mischte er zu Braun. Also gab ich ihm die Farbtöpfe in beliebiger Reihenfolge.« Das funktionierte. »Er experimentierte mit Formen, besonders mit der Fächerform, tarierte Ungleichgewichte der Kompositionen aus, schuf sich wiederholende Motive und probierte Farbkombinationen aus.«

Der Schimpanse, dessen Stil als abstrakter Impressionismus beschrieben wurde, machte weiter Fortschritte, hatte eindeutig Freude am Malen und war sehr produktiv: Er vollendete über vierhundert Werke. Dabei war er sehr eigen, was seine Bilder anging: Versuchte man, ihm eins wegzunehmen, bevor es fertig war, rastete er aus.

Jeder Kreative weiß, wie wichtig PR ist, und Congo kam zugute, dass er häufig im Fernsehen auftrat. Er war regelmäßig Gast in Morris' Fernsehsendung *Zoo Time* aus dem Londoner Zoo und wurde von vielen zeitgenössischen Künstlern darum beneidet, Bilder zu Lebzeiten verkaufen zu können – zum Beispiel während einer Ausstellung seiner Werke im Institute of Contemporary Arts in London 1957. Als Salvador Dalí eines von Congos Bildern sah, sagte er: »Die Hand des Schimpansen ist quasi menschlich. Die Hand von Jackson Pollock ist vollkommen tierisch.« Auch Picasso und Miró waren Bewunderer dieses großen Künstlers, bei Ersterem soll eines von Congos Werken in seinem Atelier gehangen haben.

Nachdem er 1964 an Tuberkulose gestorben war, stieg der Wert von Congos Bildern sogar noch. 2005 wurden drei seiner Werke bei Bonhams für über zwanzigtausend Pfund versteigert, sie erwiesen sich als beliebter als viele von Renoir und Andy Warhol. 2019 widmete eine der führenden Galerien Londons dem Affen eine Einzelausstellung mit fünfundfünfzig seiner Gemälde und Zeichnungen (aus Morris' eigener Sammlung), die Preise lagen zwischen fünfzehnhundert und sechstausend Pfund.

Morris ist überzeugt, dass Congo einen Sinn für Ästhetik hatte und durchaus kontrolliert abstrakte Formen schuf. »Ihn beim Malen zu beobachten war, als würde man dabei zusehen, wie Kunst geboren wird.«

DAISY,
Arzthelferin in der Onkologie

Während ihres Studiums war die Psychologin und Tierverhaltensforscherin Dr. Claire Guest fasziniert von der Forschung, die sich mit der Wirkung von Tieren auf Menschen befasste. Ihren ersten Job hatte sie bei einer Wohltätigkeitsorganisation, die Hunde ausbildete, um tauben oder schwerhörigen Menschen zu helfen. Ein

Gespräch mit einer Kollegin dort veränderte ihr Leben. Diese erzählte ihr, ihr Dalmatiner habe ständig an einem kleinen Muttermal an ihrer Wade geleckt und geschnüffelt, selbst wenn sie Hosen trug. Die Hartnäckigkeit des Hundes veranlasste sie schließlich, ihren Hausarzt aufzusuchen, der das Muttermal als malignes Melanom identifizierte.

Was Guest von ihrer Kollegin gehört hatte, inspirierte sie. Sie wollte beweisen, dass Hunde dazu beitragen konnten, Menschenleben zu retten, und tat sich mit Dr. John Church zusammen, dessen Forschungen ähnliche Erfolgsgeschichten vorzuweisen hatten.

Unser genetisch beeinflusster individueller Geruch kann sich durch Krankheit verändern und – abhängig von der Krankheit – im Urin, Schweiß oder Atem sammeln. Ein Hund wiederum kann darauf trainiert werden, die fragliche Krankheit zu erkennen, indem man ihm infizierte Proben vorsetzt und zum Vergleich gesunde. Wenn er ein positives Ergebnis erschnüffelt, setzt er sich und starrt die Probe an, um auf sie aufmerksam zu machen. Immer wenn er das richtigerweise tut, wird er belohnt. 2004 veröffentlichte das *British Medical Journal* eine bahnbrechende Studie über Hunde, die trainiert worden waren, Blasenkrebs in Urinproben zu erschnüffeln. Trotz der bemerkenswerten Ergebnisse dieser Studie waren viele Wissenschaftler skeptisch, ob Hunde mit der Genauigkeit eines elektronischen Biosensors mithalten können.

Unbeeindruckt von den Zweiflern gründete Guest die Wohltätigkeitsorganisation Medical Detection Dogs.

Auch ihren eigenen braunen Labradorwelpen Daisy trainierte sie, Prostatakrebs zu erschnüffeln. Ein paar Jahre später begann Daisy sich in ihrer Nähe merkwürdig zu benehmen. Sie schien misstrauisch und zögerlich, weigerte sich eines Tages, aus dem Kofferraum des Autos auszusteigen, und hörte nicht auf, an Guests Brust hochzuspringen. Als sie wenig später gedankenverloren an der Stelle rieb, auf die die Hündin fixiert war, fühlte sie einen Knoten. Obwohl sie keinen Grund zur Sorge sah, ließ sie die Stelle untersuchen. Innerhalb von zwei Wochen hatte sie die Diagnose: Brustkrebs. Der Knoten erwies sich als gutartig, aber der Krebs saß tiefer, in der Nähe ihres Herzens. Bis Guest ihn entdeckt hätte, wäre die Prognose eine ganz andere gewesen. Daisys Warnung hatte ihr das Leben gerettet. Das beeindruckte ihre Ärzte so sehr, dass ihr Onkologe Treuhänder von Medical Detection Dogs wurde. Daisy entdeckte noch Tausende Fälle von Krebs und wurde für ihre Verdienste mit der Blue Cross Medal ausgezeichnet.

Traurigerweise starb die Hündin selbst an Krebs. Der Verlust des Tieres, das jahrelang »so Unglaubliches für viele Menschen und für mich persönlich getan hatte«, traf Dr. Guest hart. Doch Daisys Erbe lebt weiter. Medical Detection Dog hat jetzt fünfunddreißig »Spürhunde« – die alle bei ehrenamtlichen Betreuern leben, sodass sie nicht in Zwingern gehalten werden müssen. Daisys Nichte hat am Massachusetts Institute of Technology (MIT) in Amerika wichtige Arbeit bei der Erkennung von Prostatakrebs geleistet, ihr Großneffe spürt Kolibakterien auf.

Guest, die jetzt mit der London School of Hygiene and Tropical Medicine sowie der Universität Durham zusammenarbeitet, hofft, dass Hunde vielleicht auch noch einen wichtigen Beitrag im Kampf gegen COVID-19 leisten. Es könnte sein, dass Hunde die Krankheit schnell und verlässlich erkennen, selbst bei asymptomatischen Infektionen. Das wäre bahnbrechend.

DOLLY,
das Klonschaf

Die Einzigartigkeit von Dolly bestand darin, dass sie identisch mit einem anderen Schaf war, sie war das erste geklonte Säugetier. Mittlerweile ist das Klonen in einigen Ländern ein Standardverfahren. In Argentinien zum Beispiel gibt es sechs Klons desselben herausragenden Poloponys, alle mit demselben Namen, aber einer anderen Nummer. In Südkorea können Sie Ihr Tier klonen lassen, wenn Sie bereit sind, ungefähr hunderttausend Pfund dafür zu bezahlen, und in Texas klont ein Unternehmen Ihre Katze für fünfundzwanzigtausend Pfund und Ihren Hund für fünfzigtausend Pfund.

Das alles begann mit einem Schaf – einem Tier, das gemeinhin als dumm beschrieben wird. Tatsächlich sind Schafe intelligent und haben ein hervorragendes Gedächtnis. Es stimmt, sie folgen der Herde, aber das liegt daran, dass sie wissen: Wenn sie sich absondern oder hervorstechen, werden sie leichte Beute für Raubtiere. Schafe sind sehr sozial und können feste Freundschaften schließen. Und sie haben ausgeprägte Fähigkeiten der Gesichtserkennung: Eine Studie von 2001 zeigte, dass sie mindestens fünfzig individuelle Gesichter erkennen und sich mehr als zwei Jahre daran erinnern können – länger als viele Menschen. Aber das tut in diesem Fall nichts zur Sache. Ich habe Dolly herausgegriffen, weil ihr Beitrag zur Wissenschaft einen Wendepunkt markiert.

Dolly, das im Juli 1996 geborene Schaf der Rasse Finn Dorset, war das erste Säugetier, das aus einer adulten Körperzelle geklont wurde. Als »Klonen« bezeichnet man die – entweder künstliche oder natürliche – Erzeugung genetisch identischer Individuen von einem Organismus. In Dollys Fall gelang dies Wissenschaftlern durch »somatischen Zellkerntransfer«. Dabei wird der Zellkern einer Brustdrüsenzelle des einen Lebewesens in die zuvor entkernte Eizelle eines anderen transplantiert. Mit Hilfe von Elektrizität werden beide verschmolzen und die Zellteilung angeregt. Auf diese Weise kann ein ganzes Individuum aus einer einzelnen, einem bestimmten Teil des Körpers entnommenen Zelle geschaffen werden.

Bei Pflanzen war die ungeschlechtliche Vermehrung durch Pfropfen und Stecklinge bereits seit über zweitausend Jahren praktiziert worden, bevor sie 1958 Einzug in die Labore hielt und einem ganz neuen Verfahren den Weg bahnte. Der Botaniker F. C. Steward gab einzelne reife Zellen in eine Nährlösung, die Hormone enthielt. Das Ergebnis: die erste geklonte Karottenpflanze.

Sechs Jahre später folgte der erste Versuch mit tierischen Zellen. Der Biologe John Gurdon pflanzte die Zellkerne von Darmzellen eines Krallenfrosches in unbefruchtete Eier, deren Kerne durch ultraviolettes Licht zerstört worden waren. Bei ein bis zwei Prozent entwickelte sich daraus ein vermehrungsfähiger, ausgewachsener Frosch. Viele weitere Versuche folgten.

Dolly erwies sich als ein Durchbruch der Extraklasse. Ihre Geburt wurde erst einige Monate später, im Februar 1997, verkündet. Kein Wunder, dass sie für Aufsehen sorgte. Die Zeitschriften *Time* und *Science* brachten ihre Geschichte ganz groß heraus und BBC News nannte sie »das berühmteste Schaf der Welt«. Doch trotz ihrer Bekanntheit hatte Dolly am Roslin-Institut ein ruhiges und glückliches Dasein. Sie wurde von einem Welsh Mountain Bock gedeckt und bekam mehrere Lämmer: Bonnie (1998), die Zwillinge Sally und Rose (1999) sowie die Drillinge Lucy, Darcy und Cotton (2000).

Normalerweise werden Finn Dorset Schafe elf oder zwölf Jahre alt, aber Dolly litt an Arthritis und einer fortschreitenden Lungenkrankheit und starb im Februar 2003 mit sechseinhalb Jahren. Kritiker behaupteten, sie habe nur die Hälfte ihrer natürlichen Lebenserwartung erreicht, weil sie bei ihrer Geburt bereits das genetische Alter von sechs Jahren hatte (so alt war das Schaf, von dem sie geklont wurde). Die Untersuchungen, die dann folgten, lieferten Wissenschaftlern jedoch keine Hinweise auf schädliche Langzeitfolgen. Dreizehn weitere geklonte Schafe, vier davon aus derselben Zelllinie wie Dolly, wiesen keine Schäden auf.

Das Klonen steht nach wie vor in der Kritik, aber das Verfahren hat auch weitreichenden Nutzen. Es könnte dazu beitragen, bedrohte Arten zu erhalten, sogar das Aussterben rückgängig machen, wenn eingefrorenes Gewebe vorhanden ist. Auf diese Weise gelang es Wissenschaftlern in Nordspanien 2009, den Pyrenäensteinbock wieder zum Leben zu erwecken. Die Tierart war ein Jahrzehnt zuvor für ausgestorben erklärt worden.

Erst kürzlich haben Forscher in China mit der Dolly-Methode zum ersten Mal einen Primaten geklont. 2017 wurden zwei identische Klone eines Makaken geboren, 2019 weitere Affen produziert, um an ihnen Krankheiten zu erforschen. Außerdem hat das Klonen bedeutend zur Stammzellforschung beigetragen. Es ist – wie die Zeitschrift *Scientific American* feststellte – vielleicht das bedeutendste Erbe, das Dolly hinterlassen hat.

FÉLICETTE
oder Die Odyssee im Weltraum

Auf dem Höhepunkt des Kalten Krieges waren die Supermächte besessen davon, in den Weltraum zu fliegen. Beim Wettlauf zwischen den USA und der Sowjetunion umkreiste als eine von vielen Tierastronauten 1957 die Hündin Laika die Erde (mehr von ihr später). Das Bedürfnis, Grenzen zu überschreiten, war ansteckend und veranlasste auch andere Länder, sich an diesem Wettlauf zu beteiligen.

An vorderster Front stand hierbei Frankreich mit dem drittältesten institutionellen Raumfahrtprogramm der Geschichte. Das Centre National d'Études Spatiales (CNES) wurde im Dezember 1961 gegründet und verfügt heute über das größte nationale Budget für zivile Raumfahrt nach der NASA. Damals, in den Anfängen, wollte man eine Katze dorthin schicken, wo noch nie zuvor eine Katze gewesen war.

Die Bilanz von Tiereinsätzen im All war gemischt. Fruchtfliegen, die im Februar 1947 in einer Rakete gestartet waren, kehrten mit einem Fallschirm sicher zurück, nachdem sie eine Höhe von einhundertzehn Kilometern erreicht hatten, aber Experimente mit Affen endeten katastrophal. Albert, der erste Rhesusaffe, der an den Start ging, erstickte, bevor die Rakete Weltraumhöhe erreicht hatte. Sein Nachfolger Albert II. kam zwar bis zu einer Höhe von einhundertdreiunddreißig Kilometern, überlebte aber bei der Rückkehr auf die Erde den Aufprall der Kapsel nicht. Und Albert IV. starb, weil sich sein Fallschirm nicht öffnete. Auch der Tod der ersten Maus im Weltraum ist auf einen Defekt des Fallschirms zurückzuführen. Bei Hunden ist die Bilanz, wie wir später sehen werden, ähnlich düster. Es stand also nicht gut für die Katze.

Félicette war eine von vierzehn Katzen aus einer Pariser Tierhandlung, die auf die Aufgabe vorbereitet wurden. Man hatte sie nach ihrem Temperament ausgesucht: allesamt Weibchen, die als gelassener gelten als Kater. Damit die Wissenschaftler keine emotionale Beziehung zu ihnen aufbauten, gab man ihnen vor dem Start keine Namen. Félicette, nüchtern C341 genannt, wurde schließlich ausgewählt – sei es, weil sie die Sanftmütigste war, sei es, weil sie nicht wie die anderen zugenommen hatte.

Am 18. Oktober 1963 startete C341 in einer Rakete von der Sahara aus und erreichte eine Gipfelhöhe von einhundertsiebenundfünfzig Kilometern. Sie durchlief das gesamte für die Katzen vorgesehene Experiment: G-Kräfte, während sie mit sechsfacher Schallgeschwindigkeit aufstieg, sowie einen Punkt der Schwerelosigkeit (fünf Minuten). Dann, nach acht Minuten und fünfundfünfzig Sekunden, löste sich die Landekapsel von der Rakete und ein Fallschirm brachte sie zurück zur Erde. Dreizehn Minuten nach dem Start konnte sie wohlauf mit einem Hubschrauber geborgen werden.

Nach dem Flug tauften sie die Medien nach der bekannten Cartoon-Katze Felix (lateinisch für glücklich), aber die Mitarbeiter des Forschungsteams fanden, die weibliche Form sei passender, und so wurde daraus Félicette. Vor ihr hatte Frankreich nur Ratten in den Weltraum geschossen, jetzt gab es etwas, das man fangen konnte und das auf jeden Fall für mehr Medieninteresse an der Raumfahrt sorgte.

Doch Félicettes Leben war kurz. Nur wenige Monate nach ihrem Raumflug wurde sie eingeschläfert, damit Wissenschaftler ihr Gehirn und ihren Körper auf mögliche Auswirkungen des Fluges ins All untersuchen konnten. Es dauerte lange, bis ihr Beitrag, den sie zur Hebung von Frankreichs Status beim Wettlauf ins All geleistet hatte, anerkannt wurde. 1992 widmete der Inselstaat Komoren, eine ehemalige französische Kolonie, ihr eine Briefmarke im Rahmen eines Sets zu Ehren von Tieren im All. 2017, ungefähr fünfundvierzig Jahre nach ihrem abenteuerlichen Weltraumflug, wurde eine Crowdfunding-Kampagne gestartet, um ein Denkmal für sie zu errichten. Und tatsächlich wurde zwei Jahre später, 2019, eine Bronzestatue von Félicette an der International Space University in Illkirch-Graffenstaden, Frankreich, enthüllt.

Die erste und einzige AstroCat Félicette hockt nun auf einer Erdkugel und blickt nach oben in den Himmel, den sie einst bereiste. Es war vielleicht ein kleiner Schritt für eine Katze, aber ein riesiger Schritt für die Katzenwelt.

FINN
ändert ein Gesetz

Es gibt wohl nichts Heldenhafteres, als das Leben eines anderen über das eigene zu stellen. Genau das tat Finn, ein Deutscher Schäferhund, im Herbst 2016. Polizist Dave Wardell, Angehöriger der Polizeihundestaffel von Bedfordshire, Cambridgeshire und Hertfordshire wurde am 5. Oktober gerufen, um nach einem Raubüberfall in Stevenage einen bewaffneten Jugendlichen zu suchen.

Als Wardell und Finn ihn aufspürten, wollte der Verdächtige entwischen, indem er versuchte, über einen nahen Zaun zu klettern. Wardell forderte ihn auf, stehen zu bleiben, doch der Fliehende ignorierte seinen Warnruf. Das war der Moment für Finns Einsatz – konnte er den Jugendlichen daran hindern zu entkommen?

Nachdem Wardell ihn von der Leine gelassen hatte, steuerte er direkt auf den Verdächtigen zu, packte ihn am Bein und brachte ihn zu Fall. Der Jugendliche zog ein dreißig Zentimeter langes Messer und stach Finn damit in die Brust, wobei er nur knapp das Herz verfehlte. Wardell stürzte herbei, um einzugreifen, aber der Verfolgte setzte seinen Angriff fort und schlug brutal um sich. Diesmal erwischte er den Hund am Kopf und die Hand des Polizisten.

Obwohl er schwer verwundet war, ließ Finn nicht los,

sodass Wardell den Verdächtigen entwaffnen konnte, ohne weitere Verletzungen davonzutragen. Schließlich traf Hilfe ein und der Hund wurde so schnell wie möglich für eine Notoperation zu einem Tierarzt gebracht. Die Verletzung, die Finn bei dem Angriff erlitten hatte, war lebensgefährlich, ein Teil seiner Lunge musste entfernt werden. »Finn war an alle möglichen Maschinen und Atemhilfen angeschlossen«, erinnert sich Wardell. »Ich sah meinen großen, tapferen Jungen schrecklich entstellt. Unter der blauen Schutzhülle, die die Schläuche an Ort und Stelle hielt und die ungeheuren Operationswunden schützte, war sein ganzer Körper geschoren.«

Finn erholte sich erstaunlich gut und kehrte nach nur elf Wochen in den aktiven Dienst zurück. Kurz vor seinem achten Geburtstag im März 2017 ging er in Rente und wurde von seinem Hundeführer mit Freuden adoptiert.

Zwei Monate später wurde der Angreifer am Jugendgericht von Stevenage wegen Körperverletzung zu acht Monaten in einer Jugendstrafanstalt verurteilt, aber bei der Verhandlung ging es nur um die Verletzungen, die er dem Polizisten Wardell zugefügt hatte. Finns Wunden konnten nur als »Sachbeschädigung« gewertet werden, so als ob der Täter ein Auto demoliert oder ein Fenster eingeschlagen hätte.

Tierfreunde waren erbost, Tausende unterstützten Wardells Engagement für eine Änderung des Tierschutzgesetzes, um die Strafen für diejenigen, die Tiere misshandeln, zu erhöhen. Dabei sollten vor allem Tiere, die bei der Polizei oder anderen Rettungs- und Schutzdiensten in Großbritannien im Einsatz sind, angemessen anerkannt werden. Knapp einhundertdreißigtausend Menschen unterzeichneten die Onlinepetition für »Finn's Law« (»Finns Gesetz«), was zu dem Vorschlag führte, jeden Angriff auf Tiere im Dienst zukünftig als »schwere Straftat« zu behandeln. Sir Oliver Heald, Abgeordneter für North East Hertfordshire, Polizist Dave Wardell und Finns Wahlkreis brachten die Sache voran, indem sie einen Gesetzentwurf einbrachten, der im Dezember 2017 im Unterhaus beraten wurde. Er wurde einstimmig von allen Parteien unterstützt und erhielt im April 2019 die königliche Genehmigung.

Der Animal Welfare Act von 2019 trat zwei Monate später in Kraft und sorgt nun dafür, dass Tiere im Dienst durch Änderung des Abschnitts vier des Tierschutzgesetzes erhöhten Schutz genießen. Nicola Sturgeon, First Minister von Schottland, erklärte, dass Finn's Law ins neue schottische Tierschutzgesetz aufgenommen werde. Auch im nordirischen Parlament wurde der Antrag, Finn's Law aufzunehmen, im Februar 2020 einstimmig angenommen.

Und Finn? Er hatte keinen ruhigen Ruhestand. Die Berichterstattung über den Angriff sorgte für öffentliche Aufmerksamkeit, Finn erhielt für seine Tapferkeit eine Reihe von Auszeichnungen, darunter die Ehrung als Tier des Jahres 2017 durch den International Fund for Animal Welfare und im Mai 2018 die PDSA-Goldmedaille »für lebensrettende Pflichttreue trotz schwerer Verletzung, während er einen gewalttätigen Kriminellen daran hinderte, sich der Festnahme zu entziehen«.

Außerdem wurde Finn im März 2019 auf der Hundeschau Crufts die Auszeichnung »Friends for Life« des Kennel Clubs, eines englischen Hundezüchterverbands, verliehen.

Wie stark die Bindung zwischen Finn und Dave Wardell war, zeigte sich, als das Paar das Publikum von *Britain's Got Talent* mit einer ungewöhnlichen Gedankenlese-Darbietung beeindruckte, die jeden zu Tränen rührte und die beiden umstandslos ins Finale brachte.

Wardell bat die Juroren, sich ein Wort zu überlegen und aufzuschreiben. David Williams wählte »Tisch« und hielt sich die Karte dicht an die Brust, sodass Wardell die Notiz nicht sehen konnte. Nachdem der Juror die Karte Finn gezeigt hatte, rief Wardell den Hund auf die Bühne und kniete sich neben ihn. Das Publikum beobachtete gebannt, wie Finn seinem Herrn etwas ins Ohr zu flüstern schien. Wardell sagte, das Wort sei »Tisch«, und trat dann beiseite, weil auf der Leinwand hinter ihm ein von ihm zusammengestelltes Video von Finns Geschichte gezeigt wurde. Kaum ein Auge im Saal blieb trocken.

Die Erinnerung an Finn wird seinen kurzen Fernsehruhm überdauern. Seine außergewöhnliche Tapferkeit sorgte für eine Änderung des Gesetzes, sodass es heute eine Straftat ist, ein Tier im Dienst zu misshandeln oder zu verletzen. Das ist ein ansehnliches Erbe.

MURPHY,
Krankenträger im Gallipoli-Feldzug

Geschichten aus dem Ersten Weltkrieg spielen fast ausschließlich in rattenverseuchten französischen und belgischen Schützengräben, aber natürlich wurden überall auf der Welt schreckliche Schlachten gekämpft. Eine der schlimmsten war der Gallipoli-Feldzug, bei dem ein Esel namens Murphy viele verwundete Männer rettete.

Am 25. April 1915 landeten Soldaten aus Australien und Neuseeland in der Bucht von Gallipoli in der Türkei. Sie sollten die britischen und französischen Einsätze dabei unterstützen, die Türkei, die auf der Seite der Deutschen stand, auszuschalten. Der Plan war, die Halbinsel einzunehmen und von dort landeinwärts zu rücken. Doch die Türken schlugen erbittert zurück, und so blieben die Alliierten in der Nähe der Strände, an denen sie gelandet waren, eingeschlossen. Allein an diesem ersten Tag wurden sechshundertfünfzig Männer getötet und über tausend verwundet. Ein Blutbad.

Unter den Männern, die in Gallipoli landeten, war John Simpson, ein Träger von Tragbahren und gehunfähigen Soldaten bei der dritten australischen Feldambulanz. Er sollte die Erstversorgung der Verwundeten leisten und sie dann zum Strand bringen, von wo aus sie evakuiert werden konnten.

John Simpson, als John Kirkpatrick, Sohn schottischer Eltern, in South Shields geboren, hatte eine bewegte Vergangenheit. Er hatte in den Schulferien als Eselführer am Strand gearbeitet, ehe er mit sechzehn eine Ausbildung zum Kanonier in der Territorialarmee machte und dann zur Handelsmarine ging. Das war jedoch kein Leben für ihn, er hasste es so sehr, dass er im Mai, als sein Schiff in New South Wales anlegte, von Bord ging und nicht zurückkehrte.

Er reiste durch Australien und nahm eine ganze Reihe von Jobs an, unter anderem als Goldwäscher, Zuckerrohrschneider und Kohlebergbauarbeiter. Der Ausbruch des Ersten Weltkriegs gab ihm die Möglichkeit, sich neu zu erfinden: Unter dem Mädchennamen seiner Mutter, Simpson, trat er dem Australian and New Zealand Army Corps (ANZAC) bei.

So kam es, dass er sich in den frühen Morgenstunden des 26. April mit einem Verwundeten auf den Schultern am Strand von Gallipoli wiederfand, um ihn zum Verbandsplatz zu tragen. Da sah er einen Esel.

Esel waren lange die heimlichen Helden der Schlachtfelder gewesen. Im Ersten Weltkrieg wurden ganze Karawanen, zweihundert gleichzeitig, eingesetzt, um lebenswichtige Güter zu den Truppen zu bringen, wobei es üblich war, sie mit dem Dreifachen ihres eigenen Körpergewichts zu beladen. Meistens waren sie im Schutz der Dunkelheit unterwegs, um Lebensmittel, Essen, Kleidung, Töpfe und Pfannen und – wichtig – Wasser zu befördern, während um sie herum geschossen wurde und Bomben explodierten.

Als Simpson den Esel sah, verstand er sofort, wie viel einfacher es wäre, Verwundete mit seiner Hilfe zu transportieren, und so wurden die beiden ein Rettungsteam. Jeder wusste von ihnen, und später fragten viele: »Macht der Kerl mit dem Esel noch weiter?« Simpson und sein Esel Murphy machten weiter. Captain C. Longmore erinnerte sich 1933 in einem Interview, wie die Soldaten »ihn gebannt aus den Schützengräben (beobachteten) … es war einer der erfreulichsten Anblicke in jenen frühen Gallipoli-Tagen.«

Manche sagen, Simpson habe während seiner Zeit in Gallipoli mit mehr als einem Esel gearbeitet: mit Duffy und später mit Jenny, Queen Elizabeth und Abdul, ehe der letzte, Murphy, zum Einsatz kam. Ihre Arbeit sei äußerst gefährlich gewesen, da sie unter ständigem Beschuss aus allen Richtungen standen. Andere berichten, es habe sich um ein und denselben Esel gehandelt, den schneidigen kleinen Murphy. Jedenfalls war er es, der legendär und ein äußerst beliebtes Maskottchen des ANZAC wurde.

Berichte über ihre Tapferkeit erreichten bald auch Simpsons Vorgesetzte. Einer von ihnen, Colonel – später General – John Monash, schrieb: »Der Gefreite Simpson und sein kleines Tier verdienten sich den Respekt aller am oberen Ende des Tals. Sie arbeiteten Tag und Nacht und die Hilfe, die sie den Verwundeten leisteten, war von unschätzbarem Wert.« Das Militär war so beeindruckt davon, wie es die Esel schafften, die Verwundeten so schnell über das zerstörte und gefährliche Gelände zu befördern, dass danach große Gruppen von Eseln bereitgehalten wurden, um den Krankenträgern zu helfen. Alle Esel trugen ein Stirnband des Roten Kreuzes.

Am 19. Mai 1915, beim dritten Angriff auf die Anzac-Bucht, wurde John Simpson im Alter von nur dreiundzwanzig Jahren durch Maschinengewehrfeuer in Shrapnel Valley getötet. Am Strand in Hell Spit, am südlichen Ende der Bucht, wurde er begraben.

Was aus Murphy wurde, ist weniger klar, aber Berichte geben einen Hoffnungsschimmer. Soldaten legten oft weite Strecken zurück, um ihre Tiere in Sicherheit zu bringen. Auf dem Schlachtfeld bedeuteten sie für die Männer eine Verbindung nach Hause und gaben ihnen einen Grund weiterzukämpfen. Um Tiere musste man sich kümmern, sie waren ein willkommener Gegenpol zu Gewehren, Bomben, Läusen und Schmutz. Selbst Offiziere hielten angeblich welche, obwohl es gegen die Regel verstieß. Ein auf den 21. März 1916 datierter Brief an Captain Charles Bean, einen offiziellen australischen Kriegsberichterstatter, der versuchte, etwas über Murphys Schicksal in Erfahrung zu bringen, lautet:

»Sie werden sich freuen zu hören, dass Murphy sicher evakuiert wurde ... aber an dem Abend, als er in Mudros ankam [eine nahe gelegene griechische Insel], verschwand er, und obwohl alle umliegenden Dörfer durchsucht wurden, fand man keine Spur von ihm ... Ich glaube, dass er von Australiern aus der Schusslinie genommen wurde, denn er trug zwei riesige Schilder mit der Aufschrift ›Murphy VC: bitte sorgen Sie für ihn‹ (VC: Victoria Cross). Ich hoffe, dass es so ist und dass er jetzt bei ihnen ist. Meine Männer haben mich angefleht, ihn wegzubringen.«

1997 wurde der Esel Murphy in Anerkennung seines Dienstes posthum mit dem Purple Cross der RSPCA
(Royal Society for the Prevention of Cruelty to Animals,
in diesem Fall dem australischen Ableger des Tierschutz-
vereins) ausgezeichnet.

GREYFRIARS BOBBY,
der Friedhofswärter

Unsere liebsten Geschichten entstehen manchmal erst
mit der Zeit, sie verändern sich über die Jahre, bis es die
sind, die wir hören wollen. Die bekannteste schottische
Erzählung über heldenhafte Hundetreue ist im Laufe der
Zeit vielleicht auch ein bisschen ausgeschmückt worden,
indem hier und da etwas hinzugedichtet wurde, aber ich
konnte nicht umhin, sie hier aufzunehmen.

Hunde werden oft als die besten Freunde des Menschen beschrieben. Kein Hund ist diesem Anspruch
wohl mehr gerecht geworden als Greyfriars Bobby, ein
Skye Terrier, der 1855 in Edinburgh geboren wurde. Er
liebte seinen Besitzer John Gray abgöttisch und wich
nicht von seiner Seite. Gray oder Auld Jock, wie er genannt wurde, arbeitete als Nachtwächter für die Edinburgh City Police; Bobby begleitete ihn, wenn er nachts
durch die Straßen ging.

Im Februar 1858 erkrankte Auld Jock an Tuberkulose

und starb. Bobby führte die Beerdigungsprozession an. Als Auld Jock auf dem Greyfriar Kirkyard im Zentrum der Stadt begraben wurde, weigerte er sich, das Grab zu verlassen. Der Friedhofswärter versuchte ihn wegzuscheuchen, aber Bobby kam wieder, setzte sich ans Grab seines Herrn und bewachte es – Tag und Nacht, selbst der schlimmste schottische Schnee und Winterregen konnte den Hund nicht davon abhalten.

Seine Treue rührte die Einheimischen, und obwohl Hunde auf dem Kirchhof eigentlich nicht erlaubt waren, bauten sie ihm eine Hütte, sodass er seinen Herrn weiter bewachen konnte und dabei vor Wind und Wetter geschützt war. Bobby verließ Auld Jocks letzte Ruhestätte nur einmal am Tag, um zu fressen. Wenn die Ein-Uhr-Kanone auf dem Edinburgh Castle abgefeuert wurde, war es das Zeichen für ihn, dorthin zu gehen, wo er und Auld Jock immer gegessen hatten. Ansonsten verließ er seinen Posten nicht.

Die Geschichte von dem treuen kleinen Hund sprach sich bald herum. Wenn er sich auf den Weg zum Lunch machte und dann zum Grab zurückkehrte, versammelten sich Menschenmengen, um ihm zuzusehen. Der Bürgermeister von Edinburgh, Sir William Chambers, zahlte neun Jahre nach Auld Jocks Tod selbst die Anmeldegebühr für den Hund und schenkte Bobby ein neues Halsband, auf dem stand: »Greyfriars Bobby – vom Bürgermeister, 1867, registriert«.

Bobby hielt vierzehn Jahre Wache, bis zu seinem Tod 1872. Er wurde wenige Meter von seinem Herrn entfernt auf Greyfriars Kirkyard begraben. Auf dem Granitgrabstein, den der Duke of Gloucester 1981 enthüllte, steht:

Greyfriars Bobby
GESTORBEN AM 14. JANUAR 1872
IM ALTER VON 16 JAHREN

Seine Treue und Hingabe
soll uns allen eine Lehre sein.

Die Geschichte berührte die Philanthropin Lady Angela Burdett-Coutts offenbar so sehr, dass sie nicht lange nach Bobbys Tod eine Statue bei dem Bildhauer William Brodie in Auftrag gab. Sie wurde 1873 über einem Trinkbrunnen errichtet – ein Wasserstrahl oben für Menschen und einer unten für Hunde –, der sich gegenüber dem Eingang zum Kirchhof befindet. Wegen gesundheitlicher Bedenken wurde die Wasserversorgung 1957 abgestellt. 1985 wurde die Statue restauriert und ist jetzt Edinburghs kleinstes Baudenkmal. Auf einer Plakette steht: »Zu Ehren der hingebungsvollen Treue von Greyfriars Bobby«. Touristen von nah und fern kommen, um das Denkmal zu sehen, und viele nehmen auch an einer Friedhofsführung des Greyfriars Bobby Walking Theatre teil, die Statue steht für Glück und Treue. Ihre Nase war schon so abgenutzt von Besuchern, die daran gerieben haben, dass sie bereits zweimal restauriert werden musste.

GUSTAV,
der Kriegsreporter

Wussten Sie, dass das Tier, das – nach Hunden – auf der Liste der Kriegshelden an zweiter Stelle steht, die Taube ist? Nicht weniger als zweiunddreißig Tauben erhielten die höchste britische Tapferkeitsauszeichnung für Tiere, die Dickin Medal.

Im Zweiten Weltkrieg kamen über zweihunderttausend Tauben zum Einsatz – bei den Landstreitkräften, bei der Royal Air Force, beim Zivilschutz und bei den Nachrichtendiensten. Ihr Beitrag war so wertvoll, dass sie königlichen Schutz genossen. Im britischen Luftfahrtministerium gab es eine spezielle Abteilung für Tauben (Air Ministry Pigeon Section) und einen Ausschuss, der Entscheidungen über den Einsatz von Tauben im militärischen Kontext traf (Pigeon Policy Committee). Ein Geschwader der Royal Air Force wurde eingesetzt, um Greifvögel entlang der Küste zu töten, damit die Tauben bei ihren Missionen nicht angegriffen wurden, und jeder, der eine Taube »verletzte oder behelligte«, musste mit einer Geldstrafe von über hundert Pfund oder einer Gefängnisstrafe rechnen.

Viele Vögel wurden hinter den feindlichen Linien abgeworfen und kehrten mit wichtigen Informationen von Geheimagenten zurück. Andere gehörten zu einer Geheimdienstoperation mit dem Codenamen Columba, bei der Fragebögen an Zivilisten abgeworfen wurden, die in Europa unter Nazi-Besatzung lebten. Die Vögel brachten die Zettel ausgefüllt zurück.

Im Taubenschlag des National Pigeon Service auf Thorney Island, West Sussex, wurden die Vögel für ihren Einsatz in einer Reihe von wichtigen geheimen Aktionen ausgebildet. Einer von ihnen war Gustav (offizieller Name: NPS.4231066), der als acht Wochen alte Jungtaube vom örtlichen Taubenzüchter Fred Jackson gespendet worden war. Zunächst durfte er in seinem eigenen Revier herumfliegen; dann wurde er immer weiter weggebracht und musste selbst zurückfinden. Die Vögel orientieren sich am Stand und Winkel der Sonne, um die Richtung zu bestimmen, sowie an vertrauten Landmarken. 2013 ergaben Forschungen eines amerikanischen Geophysikers zudem, dass sie »Infraschall« benutzen (niederfrequente Schallwellen, die Menschen nicht wahrnehmen), um nach Hause zu finden.

Gustav wurde anfangs eingesetzt, um Nachrichten von der Resistance im besetzten Belgien zu überbringen. Er erwies sich als verlässlicher Kurier und Kandidat für weitere Aufgaben, deshalb wurde er Montague Talor, einem Reporter der Nachrichtenagentur Reuters, übergeben. Tauben nahmen für Kriegskorrespondenten fast die gleichen Aufgaben wahr wie fürs Militär – wichtige Nachrichten so schnell wie möglich zu überbringen – und so war Gustav bald Soldat und Journalist in einem.

Am 6. Juni 1944, dem sogenannten D-Day, an dem die Landung der alliierten Truppen in der Normandie begann, befand sich Taylor als mitreisender Journalist an Bord eines Panzerlandungsschiffs. Für den wichtigsten Auftrag von allen wählte er Gustav. Der Reporter befreite ihn aus seinem Weidenkorb und schickte ihn mit den ersten Informationen darüber, was sich gerade an der Küste der Normandie ereignete, los. Die berühmte Nachricht lautete: »Wir sind etwa zwanzig Meilen vom Strand entfernt. Erste Sturmtruppen landeten um 7.50. Laut Meldung kein feindlicher Beschuss am Strand... Dampfen in geordneter Formation auf die Küste zu. Lightnings, Typhoons, Fortresses kreisen seit 5.45. Keine feindlichen Flugzeuge gesehen.«

Gustav machte sich mit der Eilnachricht des Korrespondenten auf die zweihundertvierzig Kilometer lange Reise, wobei er enormen Gegenwind hatte. Er konnte den Falken ausweichen, die die Deutschen darauf abgerichtet hatten, die Brieftauben an der Küste anzugreifen. Fünf Stunden und sechzehn Minuten später erreichte er seinen Schlag auf Thorney Island mit der Information, dass die Operation, mit der der Zweite Weltkrieg beendet werden sollte, begonnen hatte. Später überbrachte eine andere Brieftaube, Paddy, die Nachricht von der erfolgreich durchgeführten Operation.

Beide Brieftauben wurden mit der Dickin Medal ausgezeichnet und erhielten einen zärtlichen Kuss von Esther Alexander, der Frau des Ersten Lords der Admiralität.

HACHIKO,
pünktlich und voller Hoffnung

Treue gehört zu den zentralen Grundsätzen der japanischen Kultur und gilt als höchste Tugend. Vor dem Zweiten Weltkrieg wurde jedes Kind dazu erzogen, seinem Land und seinem Kaiser die Treue zu schwören, heutzutage ist Treue zum Unternehmen und zu den Kollegen von größter Bedeutung. Eine der vielleicht schönsten Geschichten von Hingabe und Treue handelt von Hachiko, einem japanischen Akita.

Akitas sind Arbeitshunde, die ursprünglich aus den Bergen Nordjapans stammen. Mit ihrem dichten Fell sehen sie aus wie kleine Teddybärwelpen, ausgewachsen sind sie stark und kräftig und hervorragende Jäger. Während sie im alten feudalistischen Japan hauptsächlich als Wachhunde hochrangiger Angehöriger des Kaiserhauses und Adeliger dienten, werden sie heute häufig als Polizeihunde eingesetzt. 1931 erklärte die japanische Regierung die Rasse zum »Nationaldenkmal«. Auch wenn sie für ihre Furchtlosigkeit und Treue bekannt ist, so ragt der goldbraune Hachiko, der durch sein Verhalten zum Symbol von Loyalität und Treue für die ganze Nation wurde, doch heraus.

Hachiko, auch Hachi genannt, kam im November 1923 zur Welt und lebte in Shibuya, einem Stadtbezirk

Tokios, bei Professor Hidesaburo Ueno, der an der Universität Tokio im Fachbereich für Landwirtschaft lehrte. Ueno ging jeden Morgen mit Hachi zum Bahnhof, um zu seinem Arbeitsplatz zu fahren, nachmittags um drei Uhr trafen sie sich dort dann wieder und gingen zusammen nach Hause.

Das funktionierte wie ein Uhrwerk – bis zum 21. März 1925, als der Professor eine Hirnblutung erlitt und starb. Neun Jahre lang wartete Hachiko nun täglich um Punkt drei Uhr am Bahnhof in der Hoffnung, sein geliebter Professor würde auftauchen. Längst hatte er die Aufmerksamkeit der Menschen erregt, aber niemand wusste, dass er auf ein Herrchen wartete, das niemals kommen würde. Bis einer von Uenos Studenten, Hirokichi Saito, ihn erkannte und beschloss, ihm nach Hause zu folgen.

So fand er heraus, dass Hachi jetzt bei Uenos ehemaligem Gärtner lebte. Der Student schrieb eine Reihe von Artikeln über den besonderen Hund. Bereits der erste, der 1932 veröffentlicht wurde, machte Hachiko im ganzen Land bekannt.

Die unerschütterliche Treue des Hundes zu seinem Herrn berührte die Menschen. Manche brachten ihm Leckerlis und Leckerbissen, um ihm das Warten zu versüßen, Lehrern und Erziehern diente er als Beispiel für vorbildliches Verhalten. Als Hachiko im März 1935 mit elf Jahren starb, trauerte die ganze Nation. Seine Asche wurde dem Grab seines geliebten Herrn beigegeben.

Sogar schon vor seinem Tod, 1934, wurde ihm zu Ehren ein Denkmal am Bahnhof Shibuya errichtet, das jedoch für Kriegszwecke eingeschmolzen und 1948 ersetzt wurde. Der Bahnhofsausgang in der Nähe des Denkmals, *Hachiko-guchi* oder *Hachiko Entrance/Exit*, ist nach ihm benannt. Ein weiteres Denkmal von Hachi befindet sich vor dem Akita Dog Museum in Odate, der Stadt, aus der er ursprünglich stammte. Im März 2015 wurde im Gedenken an Hachis achtzigsten Todestag noch ein weiteres Denkmal – eine Bronzestatue, die ihn zeigt, wie er seinen Herrn begrüßt – vor der landwirtschaftlichen Fakultät der Universität Tokio aufgestellt. Und noch immer findet jedes Jahr am Bahnhof Shibuya ihm zu Ehren eine Zeremonie statt.

HAM
und seine Reise ins All

Diese Geschichte sollte mit einem Warnhinweis versehen werden, denn sie wirft wirklich kein gutes Licht auf uns Menschen. Wir können manchmal abscheulich sein, besonders wenn es darum geht, Tiere im Namen der Wissenschaft auszubeuten. Ich glaube, es ist wichtig, den Beitrag dieser Tiere, die keine Wahl hatten, aber eine wichtige Rolle für unseren sogenannten »Fortschritt« spielten, anzuerkennen und zu würdigen. Eines davon ist der Schimpanse Ham. Der Name ist ein Akronym des Holloman Aerospace Medical Center in New Mexico, wo der Affe auf seinen Flug vorbereitet wurde; zugleich spielt der Name auf den Leiter des Forschungslabors, Lieutenant Colonel Hamilton, »Ham«, Blackshear an.

Ham wurde 1957 in Kamerun geboren und als Baby gefangen. 1959 kaufte ihn die US Air Force für knapp vierhundertsechzig Dollar, dann wurde er als einer von vierzig Schimpansen auf der Holloman Air Force Base eingeflogen. Damals nannte man ihn nur Nr. 65, vermutlich, weil die Verantwortlichen schlechte Presse vermeiden wollten, die der Tod eines Schimpansen mit Namen verursachen würde, sollte die Mission scheitern. Alles sprach dagegen, dass er überlebte.

Das Trainingsprogramm beinhaltete einfache Aufgaben, bei denen der Affe auf bestimmte Licht- und Tonreize reagieren sollte. Später wurde ihm beigebracht, einen Hebel sekundenschnell zu bedienen, wenn ein blaues Licht aufleuchtete. Zur Belohnung bekam er einen Snack, zur Bestrafung leichte Stromschläge an den Fußsohlen.

Ham bestand alle Tests, wurde für eine Reise ins All ausgewählt und startete am 31. Januar 1961 von Cape Canaveral, Florida zu einem suborbitalen Testflug. Er trug eine Windel, eine wasserdichte Hose und einen speziell angefertigten Raumanzug und war in einer Kapsel festgeschnallt, die sich in der Spitze der Mercury Redstone 2 Rakete befand.

Sein Puls und seine Atmung wurden während des gesamten Flugs überwacht, den Hebel bediente er nur geringfügig langsamer als im Training. Auf Grund eines Defekts bei einem Ventil erhielt er jedoch jedes Mal einen Schlag, egal ob er es richtig machte oder nicht. Dass er den Hebel bedienen konnte, zeigte den Wissenschaftlern, dass es möglich war, während eines Raumflugs Aufgaben zu erfüllen. Außerdem erlaubte es ihnen, »das Umgebungssteuerungs- und Rettungssystem (des Raumschiffs)« zu prüfen sowie »einen ersten Test des Lebenserhaltungssystems während einer beträchtlichen Zeit der Schwerelosigkeit« durchzuführen. Das Experiment mit Ham führte direkt zu Alan Shepards Flug ins All drei Monate später.

Für den Testflug mit einem ahnungslosen, willenlosen Tier gab es breite Kritik. Nach der Aktion in zweihundertfünfzig Kilometern Höhe, die sechzehn Minuten und neununddreißig Sekunden dauerte, landete Ham im Atlantik und stieg bis auf eine angeschlagene Nase wohlbehalten aus der Landekapsel. Doch sein Ausbilder sagte nach der Bergung: »Ich habe noch nie solche Angst in den Augen eines Schimpansen gesehen.« Diesen Eindruck bestätigte die Verhaltensforscherin Jane Goodall, die das Verhalten von Schimpansen in Tansania beobachtete, als sie unbearbeitetes Filmmaterial des Flugs sah. Hams Gesicht »zeigte extremste Angst«, sagte sie.

Die nächsten siebzehn Jahre verbrachte Ham alleine, als einziger Schimpanse im National Zoo in Washington, D. C. Später wurde er in den North Carolina Zoo gebracht, damit er Gesellschaft hatte, wo er 1983 im Alter von fünfundzwanzig Jahren starb (die durchschnittliche Lebenserwartung eines Schimpansen in Gefangenschaft ist einunddreißig).

Das Armed Forces Institute of Pathology führte eine Autopsie durch. Pläne, Ham auszustopfen und im Air and Space Museum in Washington auszustellen, wurden jedoch nach einem öffentlichen Aufschrei aufgegeben. In einem Leitartikel in der *Washington Post* hieß es: »Das ist ein würdeloser Tod. Das ist ein schrecklicher Präzedenzfall – es sollte jeden Weltraumveteranen ein bisschen beunruhigen, was irgendwann nach seinem Tod mit ihm geschieht.« Stattdessen wurden Hams Überreste – bis auf das Skelett, das wegen seines »wissenschaftlichen Werts« zurückbehalten wurde – in der International Space Hall of Fame in New Mexico beigesetzt. Nicht gerade das schönste Ende für das arme Tier, das maßgeblich dazu beitrug, dass Menschen sicher ins All fliegen können.

Im November 1961 schickte die NASA einen zweiten Schimpansen ins All, diesmal, um die Erde zu umkreisen. Vor dem Flug an Bord der Mercury-Atlas 5 absolvierte Enos über tausend Stunden intensiven Trainings auf der Holloman Air Force Base und an der University of Kentucky. Auf dem Flug erlebte er Schwerelosigkeit und G-Kräfte, wie die Astronauten Yuri Gagarin und German Titow vor ihm.

Wie bei Ham führte eine Fehlfunktion dazu, dass Enos mehr Elektroschocks erhielt als notwendig (sechsundsiebzig insgesamt). Wegen anderer technischer Probleme wurde die Operation vor der geplanten dritten Umkreisung abgebrochen.

Wieder hatte ein Primat durch einen Probeflug einem Menschen den Weg bereitet, eine ähnliche Mission zu erfüllen: John Glenn war 1962 der erste Amerikaner, der die Erde umkreiste.

Enos starb im November 1962 an Ruhr. Wissenschaftler kamen zu dem Ergebnis, dass dies nicht in Zusammenhang mit seinem Raumflug stand.

Hello there, my name is
HOOVER

Im Mai 1971 entdeckten Scottie Dunning und sein Schwager George Swallow an der Küste von Maine in der Nähe von Cundy's Harbour ein Seehundjunges. Sie machten sich auf die Suche nach seiner Mutter und fanden ihren leblosen Körper zwischen Felsen.

Da die Männer das verwaiste Tier ungern seinem Schicksal überlassen wollten, entschloss sich Swallow, ein einheimischer Fischer, das Junge mit nach Hause zu nehmen. Eine Weile hielt er es in der Badewanne, bis seine Familie protestierte. Dann siedelte er den Seehund in den Garten um, in einen von einer Quelle gespeisten Teich mit einem eigens gebauten Unterschlupf, wo das Junge schlafen konnte.

Swallow versuchte den Seehund mit Welpenmilch aus einer Babyflasche zu füttern, aber der kleine Meeressäuger war nicht gerade versessen darauf. Ein Nachbar schlug vor, es mit Fisch zu versuchen. Der Kleine »saugte« ihn begeistert auf – nach Aussage eines Beobachters wie ein Staubsauger –, was ihm den Namen Hoover einbrachte. Hoover wurde ein viel geliebtes Haustier, das Band zwischen ihm und seiner neuen Familie wurde täglich stärker. Wenn sie in die Stadt fuhren, steckte der Seehund den Kopf für jeden sichtbar aus dem Autofenster.

Bei ihren täglichen Routinearbeiten sprachen Swallow und seine Frau ständig mit dem Tier, Hoover antwortete mit Heulen und Bellen. Dann geschah ein Wunder. Als er etwa zwei Monate alt war, lief eine Gruppe von Kindern, die mit dem Seehund am Teich gespielt hatten, aufgeregt zu den Besitzern: Hoover konnte sprechen! Die Swallows waren skeptisch. Bis zu dem Tag, als George von Hoover mit einem rauen, aber herzlichen »Hallo, da bist du ja« begrüßt wurde. Er traute seinen Ohren nicht, zumal Hoover haargenau klang wie er selbst mit seinem Neuengland-Akzent. Hoover hatte so viel Zeit mit George und Alice verbracht, dass er nicht nur sprechen lernte, sondern auch wusste, welche Phrasen er wann benutzen musste. Er liebte es auch Verstecken zu spielen, und wenn George rief, watschelte er zu ihm und gab ihm einen nassen, ziemlich fischigen Kuss.

Als der Seehund größer wurde, nahm sein Appetit zu, und den Swallows war klar, dass ihr Teich und ihre selbst gefangenen Fischvorräte nicht ausreichten, noch konnten sie es sich leisten, Fisch bei einem örtlichen Fischhändler zu kaufen. Widerstrebend übergaben sie ihr geliebtes Haustier deshalb dem New England Aquarium.

Swallow lieferte Hoover in seinem neuen Zuhause in Boston ab, kehrte vor seinem Abschied noch mal um

und sagte zu den Mitarbeitern: »Übrigens, er spricht.«
Sie nickten, aber natürlich glaubten sie ihm nicht. Tatsächlich war der Seehund still, bis er sich vollkommen eingelebt hatte, was mit seinem erwachenden Interesse an den weiblichen Seehunden zusammenfiel. Normalerweise singen männliche Seehunde, um Weibchen anzulocken, aber Hoover, der die meiste Zeit seines Lebens mit Menschen zusammengelebt hatte, »wusste« nichts davon. Vielmehr bestand seine Verführungstechnik in dem Ruf »Was machst du da?« oder »Komm her!« – dabei klang er immer noch unheimlich nach George Swallow.

Die Mitarbeiter des Aquariums hatten etwas Ähnliches noch nie gehört und beauftragten einen Wissenschaftler, Hoovers seltsame Sprache zu untersuchen. Anfangs war sich die Fachwelt uneinig, ob Hoover fähig war zu sprechen oder nicht. Erst als sie George Swallow mit seinem starken Maine-Akzent sprechen hörten, wurde ihnen klar, welche erstaunliche Begabung Hoover hatte.

Kaum verwunderlich, dass die Nachricht von dem sprechenden Seehund die Runde machte und die Menschen in Scharen kamen, um ihn selbst zu sehen. Die *New York Times* und *Reader's Digest* brachten Hoover groß heraus, auch in *Good Morning America* wurde er porträtiert. Seine Phrasen, darunter *»hello there«* (»hallo!«), *»how are you«* (»wie geht's?«) und *»come over here«* (»komm her«), erheiterten Millionen.

Wissenschaftler waren verblüfft, wie Hoover gelernt hatte, die menschliche Sprache so genau zu reproduzieren. Erst 2019 zeigten Forschungen von Biologen der schottischen University of St. Andrews, dass eine Reihe von Faktoren (darunter Geselligkeit und Intelligenz) Robben befähigen, Laute der menschlichen Sprache zu imitieren und zu lernen. Ein entscheidender Aspekt dabei ist, dass ihre Sprechorgane den menschlichen ähnlicher sind als die anderer Säugetiere: Sie benutzen dieselben Kehlkopfstrukturen wie wir, um Laute zu produzieren – und zu »singen«.

Die Wissenschaftler von St. Andrews trainierten drei Robben in einem langen, mühsamen Prozess zuerst darauf, ihre eigenen natürlichen Lautäußerungen nachzuahmen, später dann neue Laute, indem sie die Formanten, die charakteristische Tonhöhenkomponente in der menschlichen Sprache, veränderten. Schließlich waren alle Robben in der Lage, Tonfolgen zu imitieren, eine Robbe, Zola, sogar die zehn Töne des Kinderliedes »Twinkle Twinkle Little Star« (»Morgen kommt der Weihnachtmann«) und einen Teil der Titelmelodie von *Star Wars*.

Vincent Janik vom Scottish Oceans Institute der University of St. Andrews erklärte, dass die Studie »uns ein besseres Verständnis für die Entwicklung stimmlichen Lernens (vermittelt), eine Fähigkeit, die für die menschliche Sprachentwicklung wichtig ist«. Die Forschung zeigt aber auch, dass Hoovers Fähigkeiten ein Ausnahmephänomen waren und vielleicht nie wieder vorkommen werden. Ein Besucher des Aquariums berichtete: »Der kleine Seehund konnte schlimmer fluchen als jeder Seemann. Er imitierte viel von der menschlichen Sprache … Er war wie ein schwimmendes Hündchen mit einem losen Mundwerk.«

Hoover ist bis heute der einzige Seehund mit einem Nachruf im *Boston Globe*, und welche Bedeutung er für seinen Retter Swallow hatte, ist auf Georges Grabstein dokumentiert: Neben seinem eigenen Bild befindet sich eines von Hoover, dem sprechenden Seehund.

Keiner von Hoovers sechs Nachkommen zeigte eine Sprachbegabung, aber sein Enkel Chacoda oder Chuck ist vielversprechend und könnte in Hoovers Fußstapfen treten, also achten Sie auf Nachrichten!

JIMS
übersinnliche Fähigkeiten

Unsere vierbeinigen Freunde vollbringen in vielerlei Hinsicht Erstaunliches und sind eine Quelle der Inspiration. Sie können alle möglichen Dinge erschnüffeln, ihr Gehör ist viel besser als unseres und einige Rassen haben ein außerordentliches Sehvermögen. Aber Jim, der Wunderhund, war mehr als nur ein bisschen besonders.

Wenn Jim jetzt noch leben würde, würde er als Co-Moderator von *Top Gear* engagiert werden und an den Wochenenden als Tippgeber bei *Sky Sports Racing*. Jim, ein schwarz-weißer English Setter (oder genauer ein Llewellin Setter), wurde 1925 in Louisiana, USA geboren. Er war der Kleinste und Schwächste des Wurfs, und während seine Brüder und Schwestern für fünfundzwanzig Dollar (ungefähr dreihundert Pfund nach heutigem Kurs) verkauft wurden, hielt man ihn nur für halb so viel wert. Sam Van Arsdale aus Marshall, Missouri machte ein gutes Geschäft.

Anfangs sah es nicht danach aus, denn Jim zog es vor, im Schatten zu liegen und dabei zuzusehen, wie die anderen Hunde für die Jagd ausgebildet wurden. Vielleicht war er einfach zu klug, um bis zur Erschöpfung herumzulaufen, und lernte mehr durch Beobachtung. Jedenfalls erwies er sich bald als Spitzenjäger und half seinem Herrn, über fünftausend Vögel zu schießen (bevor dieser aufhörte zu zählen). Die Zeitschrift *Outdoor Life* nannte ihn den »Jagdhund des Jahrhunderts«.

Jims anderes außergewöhnliches Talent wurde eher zufällig entdeckt, als sein Besitzer vorschlug, sich zum Schutz vor der Sonne unter einen Hickory-Baum zu begeben. Jim wählte sofort den richtigen, obwohl viele andere Baumarten in der Nähe waren. Es stellte sich heraus, dass dies kein Zufall war.

Van Arsdale unterzog Jims Intelligenz verschiedenen Prüfungen. Der Hund konnte auf der Straße ein Auto nach Marke, Farbe und Zulassungsnummer erkennen. Er konnte Menschen in einer Menge identifizieren, wenn er zum Beispiel aufgefordert wurde, den Mann zu finden, »der kranken Menschen hilft« oder »der Haushaltswaren verkauft«. Er konnte in jeder Sprache gegebene Kommandos ausführen, einschließlich Morsecode, und anscheinend schriftliche Befehle lesen. Er prophezeite, dass die Yankees 1936 die World Series gewinnen würden, und tippte sieben Mal hintereinander auf den Gewinner des Kentucky Derbys. Ja, er konnte sogar das Geschlecht ungeborener Babys voraussagen.

Der leitende Veterinär an der Universität von Missouri, Dr. A. J. Durant, konnte physiologisch nichts Ungewöhnliches bei Jim finden, auch andere Wissenschaftler waren ratlos. Als eine Gruppe Studenten den Hund testeten, löste er jede Aufgabe. Durant kam zu dem Schluss, dass Jim »eine übersinnliche Kraft (besaß), über die in vielen Generationen vielleicht nie wieder ein Hund verfügt«. Jim schien wirklich ein »Wunderhund« zu sein, der Titel wurde ihm 1935 in einem Pressebericht nach einem Auftritt in Wyoming verliehen. Er schaffte es sogar in die Sammlung von *Ripley's Believe It Or Not!* und erlangte über seine Heimat hinaus Berühmtheit.

Jim starb 1937 im Alter von zwölf Jahren. Sein Grab ist wohl das meistbesuchte auf dem Ridge Park Cemetery in Marshall, und häufig werden Münzen und Blumen am Grabstein hinterlassen. Der Verein Friends of Jim the Wonder Dog hat sich zum Ziel gesetzt, die Geschichte von Marshalls berühmtestem »Sohn« zu bewahren, und Geld für einen Garten und eine Statue zu seinen Ehren gesammelt. Sie steht da, wo Jim lebte, auf dem Gelände des Ruff Hotels.

HUBERTAS
lange Wanderung

Zu Lebzeiten nannte man sie Hubert. Erst nach ihrem Tod stellte sich heraus, dass der Volksheld der Zulu der 1920er Jahre weiblich war – deshalb wird man sich für immer an sie als Huberta erinnern.

Niemand weiß, was das Nilpferd veranlasste, sein Wasserloch im St. Lucia Ästuar in Zululand zu verlassen und sich auf eine eintausendsechshundert Kilometer lange Reise nach Süden zum östlichen Cap zu begeben, aber ihre abenteuerliche Wanderung lockte Massen an, wo immer sie sich aufhielt.

Hubertas Reise begann im November 1928. *The Natal Mercury* berichtete, ein Flusspferd sei in der Gegend aufgetaucht und tue sich auf einem Feld an Zuckerrohr gütlich. Mit dem Artikel erschien das einzige zu Lebzeiten von ihr aufgenommene Foto. Als Nächstes machte Huberta ungefähr vierzehn Kilometer nördlich von Durban Station, nahe der nördlichen Küstenlinie an der Mündung des Ohlanga-Flusses. Nachdem sie Rangern, die versuchten, sie einzufangen und in den Johannesburger Zoo zu verfrachten, erfolgreich entkommen war, setzte sie ihre Reise nach Süden entlang der Küste des Indischen Ozeans fort.

Nilpferde zählen in Afrika zu den gefährlichsten Tieren. Sie sind äußerst fürsorglich gegenüber ihren Jungen und haben einen ausgeprägten Sinn für ihr Territorium. Wenn sich ein Mensch zur falschen Zeit am falschen Ort befindet, schnappt ein Nilpferd – obwohl es nur Gras frisst – mit seinem riesigen Maul zu und halbiert ihn.

Hubertas Erscheinen auf der Terrasse des Durban Country Clubs sorgte also für einige Aufregung. Sie tauchte dort während einer Aprilscherz-Party auf, daher wusste zunächst niemand, ob es sich nicht um einen Streich handelte. Entweder fand sie keinen Gefallen an den Cocktails oder das gesellschaftliche Leben lockte sie nicht, jedenfalls verließ Huberta den Ort des Geschehens über den Golfplatz und wurde später im Eingang einer Drogerie im Stadtzentrum gesehen.

Jede Berühmtheit kann Geschichten über die dunkle Seite des Ruhms erzählen, und wenn sie über die Ereignisse rund um ihre Wanderung berichten könnte, wäre es bei Huberta nicht anders. Es gab Fans und Journalisten, aber unheilvoller waren die Jäger, die ihr folgten und unbedingt das bekannteste Tier Südafrikas erlegen wollten.

Sie zog meistens in der Nacht weiter und entwickelte eine ausgeprägte Fähigkeit, Horden zu meiden. Trotzdem wurde sie auf dem Weg von vielen Gruppen verehrt. Indische Migranten besangen sie und opferten ihr eine Ziege. Die Mpondo hielten sie für die Wiedergeburt eines Medizinmanns, die Zulus dachten, sie stehe mit dem Gott Shaka in Verbindung. 1931 erklärte der Natal Provincial Council sie zu königlichem Wild, damit war sie per Gesetz geschützt.

Viele Nilpferde wandern auf der Suche nach Futter zehn oder zwölf Kilometer über Land. Doch Hubertas abenteuerliche Reise erstreckte sich über eintausendsechshundert Kilometer und dauerte drei Jahre. Sie führte sie durch Orte und Städte, über Bahnlinien, Straßen, einhundertzweiundzwanzig Flüsse, durch Gärten und Felder. Ob sie den Spuren ihrer Vorfahren folgte, vor einer Tragödie floh, nach einem verlorenen Partner suchte oder einfach auf ein bisschen Abenteuer aus war – als sie im März 1931 in East London an der südafrikanischen Südostküste ankam, war sie eine Nationalheldin.

Tragischerweise hat ihre Geschichte kein Happy End. Nur einen Monat, nachdem sie ihr Ziel erreicht hatte, wurde Huberta von drei Farmern erschossen, als sie im Keiskamma-Fluss schwamm. Sie behaupteten, von ihrem Schutzstatus nichts gewusst zu haben. Nach öffentlichen Protesten (die Sache wurde sogar im südafrikanischen Parlament erörtert) wurden sie festgenommen und jeder zu einer Geldstrafe von fünfundzwanzig Pfund verurteilt, nach heutigem Kurs entspricht das vierhundert bis fünfhundert Pfund.

Hubertas Reise und ihr vorzeitiges, sinnloses Ende berührte Menschen auf der ganzen Welt. Viele Zeitungen und Zeitschriften, von *Punch* bis *Chicago Tribune*, berichteten darüber. Ihr Kadaver wurde zum weltweit bekanntesten Tierpräparator in London geschickt.

Geschätzte zwanzigtausend Menschen begrüßten sie bei ihrer Rückkehr und verfolgten, wie sie einen Ehrenplatz im Naturkundemuseum in Durban bekam. Heute finden Fans sie im Amathole Museum in King William's Town ausgestellt.

Jetzt gelten viel strengere Gesetze als damals, um Flusspferde zu schützen, aber es gibt nur noch weniger als hundertfünfzigtausend. Huberta war zweifellos das außergewöhnlichste von allen.

JOVI
leiht Graham seine Ohren

Kommen wir zu einem Helden der Gegenwart. Ich habe durch meine Tätigkeit für Crufts (eine jährlich stattfindende Hundeausstellung in England) viel über die Arbeit der Wohltätigkeitsorganisation Hearing Dogs for Deaf People (Hörhunde für Gehörlose) erfahren und erlebt, wie mich ein Hund von einem Nachmittagsschläfchen »aufgeweckt« hat (alles fürs Fernsehen, sollte ich hinzufügen). Die Organisation ist vielleicht weniger bekannt als der Blindenführhundeverband Guide Dogs for the Blind, weil sie erst rund fünfzig Jahre später, 1982, gegründet wurde. Sie hat jedoch um die tausend Zweigstellen in Großbritannien. Bei Hearing Dogs for Deaf People werden Hunde zu Signalhunden trainiert. Deren Aufgabe ist es, ihre Besitzer auf Geräusche aufmerksam zu machen, die sie selbst nicht hören können. Als Begleiter sorgen Signalhunde nicht nur dafür, dass jemand mit teilweisem oder komplettem Hörverlust auf einen Wecker oder die Türklingel reagiert, sondern sie haben auch Einfluss auf die gesamte Einstellung ihrer Besitzer zum Leben. Taubheit kann sehr einsam machen und führt oft dazu, dass sich die Betroffenen zurückziehen und Situationen meiden, an denen sie nicht aktiv teilnehmen können. Der richtige Hund kann das ändern.

Bei Graham Sage setzte der Hörverlust mit fünfzehn ein, zuerst langsam. Als er mit dem Studium begann, war sein Gehör bereits erheblich schlechter geworden und er hatte Mühe, mit den anderen Schritt zu halten. Vor allem wenn die Hörsäle zu groß waren, um von den Lippen der Dozierenden abzulesen, musste er sich eingestehen, dass er ein echtes Problem hatte.

Ein Spezialist diagnostizierte Morbus Menière und Tinnitus. Grahams Hörvermögen verschlechterte sich weiter. Mit zwanzig war er hochgradig schwerhörig. Der Gedanke, Hörgeräte zu tragen, war ihm unangenehm, aber er wusste, dass er in ernsthafte Gefahr geraten konnte, wenn er zum Beispiel einen Rauchmelder nicht hörte. Der Alltag wurde zunehmend schwierig. Er nahm die Türklingel nicht mehr wahr und hatte solche Angst, morgens den Wecker zu überhören, dass er kaum schlief. Sein Studium und sein soziales Leben begannen darunter zu leiden. Es war klar, dass etwas geschehen musste.

Da schickte ihm Hearing Dogs for Deaf People Jovi, und Grahams Leben wandelte sich. Während er vorher introvertiert war und sich in sozialen Situationen zurückzog, genoss er es nun, mit anderen zusammen zu sein: »[Jovi] hat mir geholfen, einige meiner Ängste im Umgang mit anderen Menschen zu überwinden, seine Anwesenheit fördert tatsächlich die Interaktion«, erzählt Graham. »So viele Menschen kommen zu mir und wollen etwas über ihn wissen. Wenn sie erfahren, dass Jovi mein Signalhund ist, stellen sie noch mehr Fragen. Das hat dazu geführt, dass ich meinen Hörverlust viel mehr akzeptiere und sogar stolz darauf bin.«

Jovi hatte auch maßgeblichen Anteil daran, dass Graham sich für den Beruf entschied, den er liebt. Als Lehrer zu arbeiten, schien für jemanden, der die Kinder, die Schulglocke und den Feueralarm nicht hören kann, unmöglich, aber dank Jovi konnte Graham seiner Neigung folgen. Jovi macht ihn darauf aufmerksam, wenn es zum Ende der Unterrichtsstunde läutet, und er hilft ihm, jeder neuen Klasse ein Bewusstsein für seine Gehörlosigkeit zu vermitteln sowie in einer Weise mit ihm zu kommunizieren, die ihm Lippenlesen ermöglicht. Nachdem sich gezeigt hatte, wie wichtig und nützlich Jovi für Graham war, startete die Schule eine Hilfsaktion und sammelte insgesamt zwanzigtausend Pfund für Signalhunde. Eine Kollegin lief den London Marathon als Hund verkleidet und stellte als schnellste Frau, die in vollem Tierkostüm einen Marathon lief, den Weltrekord auf.

Durch den Hund ist Graham immer weniger auf andere Menschen angewiesen, besonders seine Frau Anna braucht er kaum noch als Stütze. Jovi gibt ihm auch das Selbstvertrauen, an die Gründung einer Familie zu denken: »Es ist beruhigend, dass Jovi darauf trainiert werden kann, mich auf das Weinen eines Babys aufmerksam zu machen, und zur Sicherheit im Haushalt beiträgt.«

Dank Jovi hat Graham nun sogar den Mut, seiner Leidenschaft für Sport nachzugehen. Er war Kapitän der England-Deaf-Rugby-Union-Mannschaft und später ihr Co-Trainer. »Jovi hilft mir, ein ›normales‹ Leben zu führen und ich bin ihm dafür so dankbar.«

KIKA
leiht Amit ihre Augen

Amit Patel arbeitete als Unfallchirurg, als er erblindete. Über Nacht wurde die Welt eine andere. Schon in seinem letzten Jahr als Medizinstudent in Cambridge war bei ihm die Augenkrankheit Keratokonus diagnostiziert worden, die durch eine fortschreitende Ausdünnung und kegelförmige Verformung der Hornhaut gekennzeichnet ist. Sie führt gewöhnlich nicht zu Blindheit, doch Patels Körper stieß ein Hornhauttransplantat ab, und achtzehn Monate später platzten Blutgefäße im hinteren Teil des Auges.

Eines Morgens wachte er auf und konnte nichts mehr sehen. Er musste seinen Job in der Unfall- und Notfallaufnahme eines Londoner Krankenhauses aufgeben und hatte ständig Schmerzen. Seine Pläne waren ruiniert, seine Träume lösten sich in Luft auf; er dachte nur noch daran, was er alles nicht mehr tun konnte. Seine Verzweiflung wurde so stark, dass er versuchte, sich das Leben zu nehmen.

Obwohl seine Frau Seema fest zu ihm hielt, schien es ihm unmöglich, sich an ein Leben ohne Augenlicht zu gewöhnen. Patel konnte sich nicht vorstellen, dass bessere Tage kommen würden. Er stürzte sich in praktische Aufgaben wie den Gebrauch eines weißen Stocks und das Erlernen der Blindenschrift, von einem Blindenhund wollte er jedoch nichts wissen. »Warum sollte ich mich einem Tier anvertrauen, das so eng mit dem Wolf verwandt ist?«, so sein Einwand. »Den Stock habe ich unter Kontrolle. Ein Stock wird dich nicht über vier Fahrspuren zerren, weil er ein Eichhörnchen verfolgt, oder sich durch einen Donut ablenken lassen.«

Auch befürchtete er, dass er und Seema nicht mit einem weiteren Lebewesen im Haus zurechtkommen würden. »Ich konnte kaum für mich selbst sorgen, nachdem ich mein Augenlicht verloren hatte, und dachte, es würde keine leichte Aufgabe sein, sich um einen Hund zu kümmern. Ich hatte keine Ahnung davon und stellte es mir viel schwieriger vor.«

Seema sah das offenbar anders. Sie begann sich bei Guide Dogs for the Blind zu engagieren und schlug Amit vor, mit Dave Kent zu sprechen, der für die Vermittlungen zuständig und selbst blind war. Kent versprach, sich um sie beide zu kümmern, und meldete Amit für ein viermonatiges Auswahlverfahren an.

Es kann zwei Jahre dauern, einen passenden Hund

zu finden, aber schon knapp zwei Monate später wurden Amit und Seema gefragt, ob sie einen jungen Hund mit einer starken Persönlichkeit kennenlernen wollten. Es handelte sich um eine Labradorhündin namens Kika, bei der es sich so verhielt, dass sie Menschen entweder mochte oder nicht. Und wenn nicht, dann überhaupt nicht. Amit wartete nervös. Da Kika so eigensinnig war, konnte es gut sein, dass sie ihn ablehnte, doch die ersten Zeichen waren positiv – sie knurrte ihn nicht an oder ging weg.

Blindenhunde sind geschult, bei Bordsteinen und Stufen anzuhalten, in der Mitte des Gehwegs zu gehen und Hindernissen auszuweichen. Sie lernen, sich regelmäßige Strecken oder Charakteristika von Lieblingsplätzen einzuprägen und nicht ohne Anweisung um Ecken zu biegen. Der neue Besitzer wiederum muss spezielle Kommandos lernen, auf die der Hund trainiert wurde, und unter Aufsicht in wirklichen Lebenssituationen üben.

Es ist wie beim Daten, beide Partner der neuen Beziehung müssen ein Interesse an einer Fortsetzung haben. Amit und Seema hatten Kika eine Woche zu Hause. Es lief gut, obwohl Amit nach wie vor Vorbehalte hatte, einem Hund zu vertrauen. Immer noch fiel es ihm schwer, Kika die Verantwortung zu überlassen, immer wieder zog er sie zurück und war sich nicht sicher, ob es funktionierte.

Für den nächsten Teil des Kurses wohnten sie zusammen in einem Hotel. Amit wachte früh auf und tastete sich zum Badezimmer, aber Kika versperrte ihm den Weg. Nichts, was er tat oder sagte, konnte sie dazu bringen, sich vom Fleck zu rühren. Verzweifelt rief er schließlich einen der Ausbilder an, der ihn daran erinnerte, dass er das Sagen habe. Er solle sie hochheben, wenn es sein müsse. Als er schließlich ins Badezimmer kam, verstand er, warum der Hund sich geweigert hatte, den Weg freizugeben: »Der Boden war mindestens zweieinhalb Zentimeter hoch mit Wasser bedeckt, sodass es sehr rutschig war. Mir wurde klar, dass Kika mir den Weg versperrt hatte, weil sie wusste, dass auf der anderen Seite der Tür Gefahr lauerte.«

Dieser Vorfall änderte alles. Amit sah ein, dass es Kika nur um seine Sicherheit ging, und war beeindruckt, was sie alles für ihn tat. Als sie die Prüfung mit Bravour bestanden und er Kika mit nach Hause nehmen konnte, war er überglücklich. Er hatte das Gefühl, endlich würde er doch wieder in der Lage sein, ein gutes Leben zu führen.

Die ersten bekannten Versuche, Blindenführhunde auszubilden, fanden im späten achtzehnten Jahrhundert an einem Krankenhaus in Paris statt. Allerdings weist ein Bild von einem Hund, der einen blinden Mann führt, auf frühe Vorgänger hin: Man entdeckte es an einer Mauer in den Ruinen der antiken römischen Stadt Herculaneum. Doch erst seit dem Ersten Weltkrieg, als Soldaten durch Granatsplitter oder Giftgas erblindet von der Front zurückkehrten, kam die Idee von Blindenhunden auf, wie wir sie heute kennen.

Nachdem er das Verhalten eines Hundes bei einem seiner Patienten beobachtet hatte, eröffnete Dr. Gerhard Stalling 1916 die weltweit erste Schule für Blinden-führhunde in Oldenburg. In den nächsten Jahrzehnten entstanden überall in Deutschland weitere Schulen. Sie bildeten bis zu sechshundert Hunde im Jahr aus, die in Europa und Amerika eingesetzt wurden. Nach dem Vorbild dieser Schulen gab es bald weitere Trainingszentren, zum Beispiel L'Oeil qui Voit oder Seeing Eye in Deutschland, den USA und der Schweiz. Das inspirierte schließlich 1931 zwei Frauen, Muriel Crooke und Rosamund Bond, in Wallasey, Merseyside, die ersten vier Blinden-führhunde Großbritanniens auszubilden. Drei Jahre später wurde die Guide Dogs for the Blind Association gegründet. Heute gibt es in Großbritannien viertausend-siebenhundert Hunde, die Blinde oder Sehbehinderte begleiten.

Da Patel seinen Beruf als Unfallchirurg aufgeben musste, arbeitet er jetzt als Berater im Bereich Diversität und In-klusion. Kika hilft ihm, seine tägliche Pendelstrecke zu bewältigen und Gefahren zu meiden (einschließlich Menschen, die sie nicht mag), und sie beschützt ihn. Sie gibt ihm Freiheit und Selbstvertrauen. Auf ihren Reisen sucht sie nach seinen Anweisungen den besten Weg für ihn aus, damit er sein Ziel sicher erreichen kann. Wenn sie umsteigen müssen, bittet er sie, einen Mitarbeiter zu finden, der helfen kann. »Das ist leicht für sie, denn sie erkennt sie an ihren Warnwesten – gelegentlich hat sie mich jedoch schon einer Gruppe erstaunter Bauleiter vorgestellt.«

Als 2016 Amits und Seemas erstes Kind geboren

wurde, beschnüffelte Kika das Baby vorsichtig, bevor sie die Rolle der Oberbeschützerin übernahm. Mit ihrer Hilfe kann Amit allein mit dem Kinderwagen unterwegs sein. »Dank eines außergewöhnlichen Hundes kann ich ein wundervoll normales Leben führen. Ich kann Vater, Ehemann, Kollege, Freund und Nachbar sein. Mit Kikas Hilfe mache ich das ein bisschen anders. Aber wir machen es zusammen und nur darum geht es.«

KOKO,
die Gorilladame, die Katzen liebte

Fast ein halbes Jahrhundert lehrte uns die Gorilladame Koko etwas über tierische Kommunikation und die Fähigkeit einiger Arten, eine ungeheure Tiefe und Bandbreite von Emotionen zu zeigen. Sie war intelligent, kreativ, immer zu Streichen aufgelegt, frech und hatte einen Sinn für Humor. Außerdem mochte sie Katzen.

In freier Wildbahn kommunizieren Gorillas auf viele Arten miteinander. Das schließt Haltung, Gestik, Gesichtsausdruck und mehr als zwanzig verschiedene Laute ein. Singen zum Beispiel ist ein Zeichen für Zufriedenheit, während Schreie und Brüllen Wut bedeuten. Wenn Berggorillas sich auf die Brust schlagen, weisen sie entweder auf Gefahr hin oder wollen das andere

Geschlecht beeindrucken, indem sie damit angeben, wie stark sie sind. Manche begrüßen sich mit einer Umarmung oder indem sie sich mit den Nasen berühren.

Wir haben vieles mit Primaten gemeinsam, einschließlich des Bedürfnisses nach engen Bindungen – im Wesentlichen ein Verständnis von Liebe oder Freundschaft. Die Entwicklungsstufen unserer Nachkommen sind ähnlich, aber Menschen haben ein größeres Gehirn, was theoretisch mit einer höheren Intelligenz und einem anspruchsvolleren Gebrauch komplexer Sprache verknüpft sein könnte. Um herauszufinden, was uns Menschen ausmacht, hilft es Wissenschaftlern, das Verhalten und die Kommunikationsmittel von Affen zu untersuchen.

Koko, ein Westlicher Flachlandgorilla, war ein außergewöhnliches Versuchsobjekt. Sie wurde 1971 im Zoo von San Francisco geboren – der fünfzigste in Gefangenschaft geborene Gorilla – und verbrachte die meiste Zeit ihres Lebens mit der Psychologin Francine »Penny« Patterson. In Pattersons Forschung über Primatenkommunikation spielte sie eine zentrale Rolle.

Ihr Training begann im Alter von einem Jahr. Patterson sprach bei jeder Gelegenheit mit ihr, Koko verstand zweitausend Wörter gesprochenes Englisch, darunter Konzepte wie Gut und Böse, und lernte über tausend Zeichen einer sogenannten GSL (gorilla sign language), einer speziellen Gebärdensprache. Bei entsprechenden Tests erreichte sie einen IQ zwischen siebzig und neunzig (der durchschnittliche IQ von Menschen liegt bei hundert). Experten waren jedoch uneinig darüber, wie sehr Kokos Fortschritte mit der menschlichen Sprachentwicklung übereinstimmten. Während einige der Ansicht waren, sie spiegelten die eines Kindes, meinten andere, dass Koko die Bedeutungen nicht verstand und nur auf Grund von Belohnung lernte.

Wie Koko die Zeichensprache benutzte, ging erheblich über Elementares hinaus. Sie schien sowohl einen Sinn für Logik zu haben und diese anzuwenden als auch für emotionale Aspekte. Patterson berichtete, dass Koko sogar neue Zeichen erfand, zum Beispiel, indem sie »Fingerring« und »Armband« verband, als sie Ring meinte. Als Patterson die Ergebnisse ihrer Forschung 1978 veröffentlichte, behaupteten Kritiker, Kokos Fähigkeiten seien größtenteils auf den Kluger-Hans-Effekt zurückzuführen: Ein Tier (oder Mensch) spürt, was es tun soll, auch wenn die Signale vielleicht unbeabsichtigt sind.

1983 wünschte sich Koko eine Katze zu Weihnachten. Ja, Sie haben richtig gehört. Wenig überraschend, dass das für Wirbel sorgte. In einem Interview mit der *Los Angeles Times* sagte der Biologe Ron Cohn, dass sie das anfängliche Geschenk, eine Stoffkatze, verschmäht habe und sich deshalb an ihrem Geburtstag aus einem ausgesetzten Wurf ein richtiges Kätzchen aussuchen durfte. Sie wählte einen grauen Kater, ein zusammengerolltes, flaumiges Bündel, gab ihm selbst einen Namen, All Ball, kümmerte sich liebevoll um ihn und trug ihn wie ein Baby. Leider wurde das Kätzchen im Dezember 1984 von einem Auto überfahren. Als Patterson Koko die traurige Nachricht mitteilte, war diese sichtlich verzweifelt und drückte mit Gebärden »böse«, »traurig« und »weinen« und schließlich »schlaf Katze« aus.

Als sie vierundvierzig war, suchte sich Koko zwei Kätzchen aus, die sie bemuttern wollte. Ihr Verhalten – auf ihrem YouTube-Kanal Kokoflix zu sehen – ist hinreißend. Koko war ein Medienliebling. Zahlreiche Prominente waren bei ihr zu Besuch, zu dem Schauspieler Robin Williams schien sie eine besondere Verbindung zu haben.

Nachdem Patterson ihre Forschung abgeschlossen hatte, lebte Koko in der Anlage der Gorilla Foundation in Woodside, Kalifornien, zuerst mit einem anderen »sprechenden« Gorilla namens Michael und dann mit Ndume, ebenfalls männlich, bis sie im Alter von sechsundvierzig im Schlaf starb. In einer Erklärung der Gorilla Foundation heißt es: »Die Erkenntnisse waren grundlegend, und was sie uns über die emotionalen und kognitiven Fähigkeiten von Gorillas gelehrt hat, wird die Welt weiterhin prägen.«

LAIKA
auf tödlicher Mission im All

Wir haben schon Geschichten von Tieren gehört, die in den Weltraum geschickt wurden, um den Weg für bemannte Operationen zu bereiten. Sie alle haben einen schlechten Beigeschmack. Die Geschichte des ersten

Lebewesens, das in die Erdumlaufbahn katapultiert wurde, ist genauso umstritten und traurig.

Laika (russisch: Kläffer), eine Streunerin, die auf den Straßen von Moskau aufgegriffen worden war, spielte eine zentrale Rolle im Wettlauf um die Eroberung des Weltalls. Von Anfang an berührte sie die Menschen und löste weltweit eine unter ethischen Gesichtspunkten geführte Debatte über die Verwendung von Tieren für wissenschaftliche Tests aus.

1957 hatten sowjetische Wissenschaftler den ersten künstlichen Satelliten, Sputnik 1, gestartet. Präsident Nikita Chruschtschow wollte unbedingt so schnell wie möglich auf diesen Erfolg aufbauen. Sputnik 2 wurde in Eile innerhalb von zwei Monaten gebaut, für ein »Weltraum-Spektakel«, bei dem zum allerersten Mal ein Lebewesen ins All geschickt werden sollte.

Wissenschaftler waren der Ansicht, eine Streunerin, die im eisigen Winter Moskaus auf der Straße überlebt hatte, sei an extreme Bedingungen gewöhnt. So wurde Laika zusammen mit zwei anderen Hunden auf ihre Mission vorbereitet, indem sie für Tage und dann Wochen in winzigen Druckkabinen gehalten wurden. Auf Grund ihrer Größe und ihres ruhigen Wesens hatte sie die zweifelhafte Ehre, für die Reise um die Erde ausgewählt zu werden.

Für Sputnik 2 nur einen Hinflug geplant, eine Rückkehr war nicht vorgesehen. Als Laika in die winzige Kapsel des künstlichen Satelliten gesetzt wurde, küsste einer der Flugingenieure sie und wünschte ihr eine gute Reise. Er wusste, dass sie nicht überleben würde, trotz offizieller Versprechungen der Regierung, dass sie mit einem Fallschirm zurück zur Erde gebracht würde. Ärzte hatten Sensoren an ihrem Körper angebracht, um Puls, Blutdruck, Kreislauf und Atemfrequenz zu überwachen.

Während Laika am 3. November die Erde umkreiste, löste sich die Wärmeisolierung um die Kapsel und die Temperatur stieg auf vierzig Grad. Die Sensoren zeigten einen dreifach erhöhten Puls an. Die genauen Einzelheiten über Laikas Schicksal sind unklar. Die Sowjets erklärten damals, sie sei ohne Schmerzen gestorben, weil sie nach einigen Tagen auf der Erdumlaufbahn durch vergiftetes Futter eingeschläfert worden sei. Andere behaupteten, sie habe nur wenige Minuten gelebt. 2002 berichtete einer der damals an der Aktion beteiligten Wissenschaftler beim World Space Congress in Houston, Laika sei innerhalb von Stunden an Überhitzung und Stress gestorben.

Was auch immer geschah, es war eine mörderische Mission. Der Hund war im Namen des Fortschritts geopfert worden. Schließlich gewannen die Sowjets den Wettlauf um den ersten Menschen im All, als Yuri Gagarin 1961 seinen Flug erfolgreich absolvierte.

Trotz Protesten vor sowjetischen Botschaften und den Vereinten Nationen schickte die UdSSR nach Laika noch vier weitere Hunde ins All, die ebenfalls starben. Nach dem Zusammenbruch des Sowjetregimes äußerte sich einer der Männer, die Laika für ihren tödlichen Flug ausgebildet hatten. Oleg Gasenko sprach öffentlich sein Bedauern über das Schicksal des kleinen Hundes aus: »Mit Tieren zu arbeiten verursacht uns allen Leid ... Je mehr Zeit vergeht, desto mehr bedauere ich das. Wir haben durch die Mission nicht genug gelernt, um den Tod des Hundes zu rechtfertigen.«

Laika lebt mit ihrem Namen und ihrem Bild in Büchern, Cartoons, auf Briefmarken und sogar als Zigarettenmarke fort. Im Juri-Gagarin-Kosmonautentrainingszentrum in Star City nahe Moskau steht eine Statue von ihr.

LIN WANG,
taiwanesischer Volksheld

Elefanten haben ein viermal größeres Gehirn als Menschen – das größte Gehirn von allen Landtieren. In einer Reihe von Studien über das Ausmaß ihrer kognitiven Fähigkeiten zeigte sich, dass sie zu Empathie fähig sind, ihr eigenes Spiegelbild erkennen können und mehr. Auch benutzen sie Werkzeuge und stellen sie sogar her, um an Nahrung zu kommen.

Forschungen an der University of Sussex haben gezeigt, dass Elefanten fähig sind, an der Stimme eines Menschen dessen ethnische Herkunft, Geschlecht und Alter abzulesen. In Studien zur Verhaltensforschung wurde an der University of St. Andrews zudem nachgewiesen, dass Elefanten ein erstaunliches Gedächtnis haben, das es ihnen ermöglicht, bis zu dreißig Mitglieder ihrer Herde zu erkennen und deren Spur zu verfolgen.

Der Psychologe Richard Byrne ist der Ansicht, dass das Arbeitsgedächtnis von Elefanten dem anderer Tiere weit voraus ist. »Stellen Sie sich vor, Sie gehen mit Ihrer Familie während des Weihnachtsgeschäfts in ein überfülltes Kaufhaus. Wie schwierig ist es da, immer zu wissen, wo vier oder fünf Familienmitglieder sind. Elefanten schaffen das mit dreißig Reisebegleitern.«

Es heißt, dass Elefanten niemals etwas vergessen, und das will etwas heißen, wenn man bedenkt, dass sie – nach tierischen Maßstäben – sehr lange leben. Ihre durchschnittliche Lebenserwartung beträgt fünfzig bis sechzig Jahre. Ein Elefant aber lebte bekanntlich länger und erlebte mehr als jeder andere. Sein Name ist Lin Wang, er wurde einer der größten Volkshelden Taiwans.

Lin Wang wurde 1917 in Burma geboren, von japanischen Truppen gefangen und als Lastentier benutzt, um während des Zweiten Japanisch-Chinesischen Krieges schwere Geschütze und Nachschub über Berge, durch Dschungel und Flüsse zu ziehen.

Seit der Invasion der Japaner in die Mandschurei 1931 hatten die Spannungen zwischen Japan und China zugenommen. Die Japaner besetzten Peking, Nanjing und Shanghai, während die Chinesen sich mit Unterstützung der Sowjetunion und der Vereinigten Staaten verteidigten. Nach dem Angriff auf Pearl Harbor 1941 und der Kriegserklärung der USA an Japan wurde die Auseinandersetzung zwischen Japan und China Teil des Zweiten Weltkrieges. Nachdem die Japaner die britischen Kolonien in Burma angegriffen hatten, wurde die chinesische Expeditionstruppe (CEF) unter General Sun Li-jen gebildet, um den Feldzug zu unterstützen und die Ledo Road zu schützen, die Assam und Yunnan verband und für Nachschublieferungen der Alliierten an die nationalchinesischen Truppen diente.

1943 überfiel die Truppe ein japanisches Camp und nahm dreizehn Elefanten gefangen, darunter Lin Wang. Als sie zwei Jahre später von Burma zurückbeordert wurde, nahmen Suns Männer die Elefanten mit auf den anderthalbjährigen Marsch nach Guangdong. Fast die Hälfte der Elefanten überlebte ihn nicht. Als die übrigen ankamen, war der Krieg vorbei. Vier der überlebenden Elefanten wurden in Zoos an verschiedene Orte Chinas gebracht, während Lin Wang und zwei andere in einem Park in Guangzhou am Pearl River, nordwestlich von Hongkong, vorübergehend ein Zuhause fanden.

General Sun Li-jen, der 1947 nach Taiwan geschickt wurde, nahm die drei Elefanten aus Guangzhou mit in sein neues Militärlager. Vier Jahre lang arbeitete Lin Wang hart und schleppte Material für den Eisenbahnbau. 1951 war er der Einzige der ursprünglichen Gruppe, der noch lebte, und die Armee entschied, dass er vielleicht woanders besser aufgehoben wäre. So wurde Lin Wang 1952 in den Zoo in Taipeh gebracht, wo er eine Partnerin fand: die vierjährige Ma Lan aus Japan.

Nach jahrelangem Kriegs- und Zivildienst genoss der mittlerweile fünfunddreißigjährige Lin Wang in seinem neuen Zuhause allseits Respekt. Er wurde das beliebteste Tier im ganzen Land und wie eine Ikone verehrt. Als

Taiwan die Kargheit der Nachkriegsjahre überwunden hatte und zu neuem Wohlstand gekommen war, wurde der Respekt für den dickhäutigen Kriegsveteranen fast noch größer. Jedes Jahr Ende Oktober beging die Stadt Lin Wangs Geburtstag mit einer Feier. Tausende Besucher gratulierten, darunter wichtige Persönlichkeiten von Taipeh.

Die Jahre vergingen und die Menschen nannten ihn angesichts seines hohen Alters »Großvater Lin«. Anlässlich der Feier zu seinem achtzigsten Geburtstag legte man 1997 zu seinen Ehren ein neues tropisches Waldgehege an. Der Tod seiner Partnerin Ma Lan Ende 2002 brach ihm jedoch das Herz, er erholte sich davon nicht mehr und starb im Februar 2003.

Der Elefant war so sehr ein Teil der nationalen Identität Taiwans geworden, dass das ganze Land trauerte. Der »Gedenkgottesdienst« dauerte mehrere Wochen, die offizielle Trauer, während der hundertachtzigtausend Menschen ihm die letzte Ehre erwiesen, drei Tage. Der Staatspräsident schickte einen Kranz »für unseren ewigen Freund, Lin Wang«, und der Bürgermeister Ma Ying-jeou machte den Elefanten posthum zum Ehrenbürger von Taipeh. »Lin Wang war Teil des kollektiven Gedächtnisses von vier Generationen auf Taiwan. Er sah uns aufwachsen und wir sahen ihn alt werden.«

MAGIC,
Therapeutin für Notfalleinsätze

Pferde sind bekannt für ihre Empathie und Freundlichkeit. Denken Sie an die verlässlichen, sanftmütigen Tiere, die in den Therapiekursen der Wohltätigkeitsorganisation Riding for the Disabled jeden Tag Kinder auf ihrem Rücken tragen und ihnen ein sicheres Gefühl geben. Miniponys können freche kleine Biester sein, aber in ihnen steckt meistens ein riesengroßes Herz.

Strebors Black Magic On Demand (alias Magic) ist das perfekte Beispiel. Mit ihrem schwarzen Körper, dem breiten weißen Gesicht und den blauen Augen hebt Magic sich von der Masse ab, obwohl sie nur achtundsechzig Zentimeter groß ist. In Nordflorida zu Hause, hat Magic Menschen in Not an vielen Orten in den USA Trost und Unterstützung gebracht. 2012 stand sie den Kindern und Rettungskräften des Amoklaufs an der Sandy Hook Elementary School in Newton, Oklahoma bei, 2013 unterstützte sie Überlebende des Moore Tornados in Oklahoma und 2015 Überlebende des schrecklichen Anschlags auf die Emanuel African Methodist Episcopal Church in Charleston, South Carolina.

Schon seit mehr als zweitausend Jahren werden Pferde therapeutisch eingesetzt: Die Hippotherapie (*hippos,* altgriechisch: Pferd) findet schon bei Hippocrates

(460–370 v. Chr.) Erwähnung, dem Gründungsvater der Medizin und Verfasser des hippokratischen Eids. Pferde sind Herdentiere, eine Bindung zu ihnen aufzubauen, kann ungeheuer positive Auswirkungen haben. Wenn man mit ihnen arbeitet und sich um sie kümmert, steigert dies die Selbstachtung und das allgemeine Wohlbefinden ebenso wie die Konzentration, Koordination und innere Ruhe. Außerdem »spiegeln« Pferde unser Verhalten, das heißt, je ruhiger und offener wir mit ihnen umgehen, desto mehr bekommen wir zurück.

Heilpädagogisches Reiten ist seit Mitte des 20. Jahrhunderts eine anerkannte Methode, 1969 wurde Riding for the Disabled gegründet, um Kindern und Erwachsenen mit physischen und geistigen Behinderungen zu helfen. Ich habe selbst viel von dieser Arbeit gesehen und kann bezeugen, dass Menschen, die vielleicht nie zuvor in der Nähe von Pferden waren, durch den Kontakt mit ihnen an Selbstvertrauen und Lebensfreude gewinnen. Ich war auch in einer Einrichtung im Norden Londons, die sich Strength and Learning Through Horses nennt, und habe gesehen, wie nützlich Pferde bei der Arbeit mit jungen Menschen sind, die Probleme in der Schule haben oder sich sozial ausgegrenzt fühlen. Eine von Pferden gestützte Therapie kann bei Ängsten, Depressionen, PTBS, Essstörungen, Hirnverletzungen, Problemen mit dem Bewegungsapparat und Drogenmissbrauch helfen.

Da Pferde im Allgemeinen groß sind, wirken sie auf viele Menschen beängstigend. Gerade deshalb bietet sich die Arbeit mit ihnen an, denn eine Angst zu überwinden kann ein ausgezeichneter erster Schritt zu mehr Selbstbewusstsein sein. Magic hat trotz ihrer geringen Größe alle Qualitäten eines Therapiepferdes, sie ist gleichsam eine Seelentrösterin im Taschenformat. Sie gehört einer in Florida ansässigen Wohltätigkeitsorganisation namens Carousel Miniature Therapy Horses, die 2006 von Jorge und Debbie Garcia-Bengochea gegründet wurde. Die beiden haben bei ihren eigenen Kindern erlebt, dass Miniponys eine ganz besondere Fähigkeit haben, Kontakt herzustellen, und sorgen jetzt dafür, dass ihre sechsundzwanzig winzigen Ponys in Notfällen wissen, was zu tun ist.

Magics Reise zur Sandy Hook Schule im Dezember 2012 war weiter, als solche Reisen üblicherweise sind: eintausendsechshundert Kilometer. Die Schlange vor der Newton Library, wo Magic sich aufhielt, wurde immer länger, denn über sechshundert Menschen kamen, um bei ihr Trost zu finden. Magic verbrachte über zwei Wochen bei den Schülerinnen und Schülern von Sandy Hook und ihren Familien sowie den Rettungskräften, die dort im Einsatz waren. Sie trottete zu ihnen, legte ihren Kopf in deren Schoß und gab ihnen die nötige Kraft, um der schwierigen Zeit, die vor ihnen lag, ins Auge zu sehen.

In ihrer näheren Umgebung in Florida ist Magic für viele Patientinnen und Patienten in Pflegeheimen, Krankenhäusern und Hospizen ein Lichtblick. Einer Frau in einer betreuten Wohnanlage, die seit drei Jahren kein Wort gesprochen hatte, verhalf Magic sogar dazu, ihre Stimme wiederzufinden. Als Kathleen Looper die blauäugige Ministute sah, sagte sie: »Ist sie nicht schön?« Von dem Tag an konnte sie wieder sprechen.

MICK
the Miller, König der Rennbahn

In den 1920ern kam ein neuer Sport auf, durch den die Briten »auf den Hund kamen«, im positiven Sinne. Vor dem Hintergrund wirtschaftlicher Depression und rasch steigender Arbeitslosigkeit sorgten Windhunderennen für die dringend nötige Abwechslung. In seinen Anfängen profitierte der zunehmend beliebte Sport von einem Superstar, der die Aufmerksamkeit der Massen anzog: Mick the Miller war der erste Große in der Welt des englischen Windhunderennens. Er stand ganz oben in der Bekanntheitsskala und lockte mit seinem Talent Zehntausende Zuschauer an.

Der blass gescheckte Windhund wurde im Juni 1928 in Killeigh im County Offaly in Irland geboren. Züchter und Besitzer war der Geistliche Pater Martin Brophy, der eine Vorliebe für Hetzjagden und Glückswetten hatte und ihm den Namen eines Mannes gab, der gelegentlich im Pfarrhaus bei anfallenden Arbeiten aushalf. Mick war zwar der Kleinste und Schwächste des Wurfs, aber er war ein direkter Nachkomme von Master McGrath, Gewinner des prestigeträchtigen Waterloo Cups. Diese Trophäe war die höchste Auszeichnung bei Hetzjagden, bei denen Windhunde echte Hasen jagten.

Michael Greene, der für Pater Brophy arbeitete, suchte

sich Mick und seinen Bruder Macoma aus dem Wurf aus und fragte, ob er sie großziehen könne. Er schenkte ihnen viel Aufmerksamkeit, fütterte sie häufig mit der Flasche und ließ sie sogar in seinem Bett schlafen. Außerdem sorgte er für eine regelmäßige Routine, ging kilometerweit mit ihnen spazieren, um ihre Muskeln aufzubauen, und bereitete so den Weg für eine professionelle Karriere auf der Rennbahn. Es war ein glückliches Timing. Stadionrennen, bei denen Hunde auf einer ovalen Bahn laufen und einen mechanischen Hasen jagen, waren in Irland und den USA gerade erst aufgekommen und würden bald auch in Großbritannien stattfinden.

Als Mick schon frühzeitig Potenzial zeigte, handelte Pater Brophy mit dem Amerikaner Moses Rebenscheid aus, dass er in dessen Stall aufgenommen wurde. Eine Reihe von dramatischen Ereignissen änderte jedoch den Verlauf von Micks Karriere. Ein Tornado deckte das Dach von Rebenscheids Zwinger in St. Louis, Missouri ab und tötete siebenundzwanzig seiner Windhunde. Der Tornado kippte auch den Lieferwagen um, den sein Sohn fuhr, was zum Verlust weiterer vier Hunde führte. »Die Hand Gottes warnt mich vor Windhunden«, erklärte Rebenscheid. Das Geschäft wurde rückgängig gemacht.

Durch diese Wendung des Schicksals blieb Mick the Miller näher bei seinem Heimatort: Er wurde zu Mick Horan, einem Trainer im Shelbourne Park Greyhound Stadium nahe Dublin geschickt. Gleich in seiner ersten Saison gewann er vier von fünf Rennen und sorgte für Aufsehen, als er den Weltrekord seines Bruders von 28,20 Sekunden auf fünfhundert Metern einstellte.

Dann, im Mai 1928, kurz vor seinem zweiten Geburtstag, wurde bei Mick Staupe diagnostiziert. Die Krankheit hätte tödlich enden können, aber zum Glück war der Manager von Shelbourne Park zugleich ein fähiger Tierarzt und rettete Mick das Leben. Ob er sich so gut erholen würde, dass er wieder Rennen laufen konnte, war unklar. Doch als Mick the Miller hinreichend wiederhergestellt war, zeigte sich bald, dass er nichts von seiner Schnelligkeit eingebüßt hatte.

Da er in Irland vier Rennen mühelos gewonnen hatte, wusste Pater Brophy, dass man sich mit dem Hund über die Irische See wagen konnte, um an größere Reichtümer zu kommen. Das Greyhound Derby in White City war der ultimative Preis.

In einem einzigen Versuch brach Mick the Miller den White City Streckenrekord. Der Hund, von dem niemand zuvor gehört hatte, stieg vom 25:1-Außenseiter zum 4:7-Favoriten auf. Er gewann die erste Runde mit acht Längen, stellte einen neuen Weltrekord über fünfhundertfünfundzwanzig Yards (vierhundertachtzig Meter) auf und durchbrach als erster Hund die magische Dreißig-Sekunden-Grenze, indem er die Strecke in beeindruckenden 29,8 Sekunden lief.

Nachdem er die Preisgelder kassiert hatte, verkaufte Pater Brophy ihn ziemlich gefühllos für achthundert Guineen an den Buchmacher Albert Williams aus Wimbledon. Das war eine ungeheure Summe, genug, um in den meisten Gegenden von London ein Haus zu kaufen. Teil des Geschäfts war außerdem, dass Pater Brophy alle Preisgelder bekam, die Mick an jenem Abend noch gewinnen würde, und dann auch die Trophäe behalten durfte.

Vierzigtausend Zuschauer sahen zu, wie Mick und seine drei Konkurrenten um 20.45 Uhr für das Finale antraten. In der ersten Kurve gab es eine Kollision, bei der Mick auf den zweiten Platz gedrängt wurde, aber das Rennen wurde für ungültig erklärt. Bei der Wiederholung eine halbe Stunde später gewann Mick mit drei Längen. Als die Nachricht von seinem Sieg seinen Heimatort erreichte, feierten die Menschen in Killeigh spontan ein Fest.

Ende 1929 hatte er sechsundzwanzig von zweiunddreißig Rennen gewonnen und fand ein neues Zuhause, nachdem Arundel H. Kempton ihn für sagenhafte zweitausend Pfund als Geschenk für seine Frau Phyllis kaufte. Mick häufte weiter Erfolge an. 1930 gewann er zwanzig von dreiundzwanzig Rennen, darunter das English Greyhound Derby (zum zweiten Mal), den Wembley Spring Cup, das Cesarewitch in West Ham und das Welsh Greyhound Derby. Bei vier Gelegenheiten brach er Weltrekorde und sorgte für Schlagzeilen, in denen er als »Wunderhund« und »unbesiegbar« bezeichnet wurde.

Ein Riss des Schultermuskels während eines Rennens markierte den Anfang vom Ende dieser außergewöhnlichen Karriere. Zum ersten Mal verlor er drei Rennen hintereinander, konnte sich aber für das Finale des Derbys qualifizieren. Siebzigtausend Zuschauer sahen mit angehaltenem Atem zu, wie Mick und der »Black Express« Ryland R. am 27. Juni 1931 als Favoriten gegen vier andere Hunde antraten. Mit sechs Hunden im Finale würde es ein hartes Rennen werden.

Als sie um die erste Kurve liefen, war Ryland R. deutlich vorne, während Mick weit abgeschlagen auf dem letzten Platz lag. Ryland R.'s Sieg schien bis zur letzten Kurve sicher, als er nach einem Rivalen schnappte. Der Versuch, einen Gegner zu beißen, ist eine Sünde, die mit Disqualifikation bestraft wird – das Horn ertönte und signalisierte, dass das Rennen ungültig war. Gleichzeitig brüllte die Menge, weil sie sah, wie Mick auf der Innenbahn aufholte. Sie feuerte ihn an bis zum Schluss, als er das Rennen mit einer heldenhaften Steigerung des Tempos beendete und auf der Ziellinie die Nase vorn hatte.

Ryland war wegen »Beschnüffeln und Behindern« disqualifiziert worden, und der Stadionsprecher wiederholte, dass das gesamte Rennen ungültig sei. Die Zuschauer brachten ihr Missfallen deutlich zum Ausdruck, während Micks Besitzerin Phyllis Kempton in Tränen ausbrach und rief: »Mick hat gewonnen! Mein Liebling Mick hat gewonnen!«

Kempton weigerte sich, Mick noch einmal laufen zu lassen, da er ja bereits gewonnen hatte. Es lag bei der Rennleitung der Greyhound Racing Association, in dieser Situation eine Entscheidung zu treffen. Sie überredeten Kempton schließlich, obwohl es für Mick, der sich nicht mehr so schnell erholte wie in seiner Jugend, ein ungeheurer Nachteil war. Er konnte das märchenhafte Ende nicht noch einmal wiederholen und kam als Vierter ins Ziel. Der Pokal wurde dem Besitzer des Siegers unter einem Chor von Buhrufen überreicht.

Mick erscheint in den Annalen vielleicht nicht als Gewinner dieses dritten und letzten Derbys, aber vor dem Hintergrund seiner unrechtmäßigen Niederlage leuchtete sein Stern heller denn je. »Windhunderennen stecken noch immer in den Kinderschuhen«, verkündete die *Greyhound Mirror and Gazette*, »aber sie haben schon einen beliebten Favoriten hervorgebracht, der genauso vergöttert wird wie jedes Pferd, jeder Filmstar, Fußballer oder Boxer in der Geschichte.«

Mick, inzwischen ein wahrer Superstar, setzte seine letzte Saison fort und beendete seine Karriere mit einem herausragenden Sieg beim St. Leger vor vierzigtausend Zuschauern bei einem Rennen, das später das »größte« genannt wurde, »das jemals im Wembley-Stadion stattfand«.

Nach seinem Abschied von der Rennbahn im Dezember 1931 war er der Star bei der Eröffnung von Läden, besuchte hochkarätige Veranstaltungen und traf Mitglieder des Königshauses. Er wurde der teuerste Deckrüde (fünfzig Pfund pro Deckakt) und häufte ein Vermögen von zwanzigtausend Pfund an Decktaxen, Gagen und Preisgeldern an. In seinem Heimatdorf steht eine lebensgroße Statue von Killeighs berühmtestem Sohn, und noch immer gilt Mick als der bedeutendste Windhund der Welt, der einzige Hund, der das Triple aus Derby, Cesarewitch und St. Leger gewann.

MINNIE,
Veteranin des Zweiten Weltkriegs

Im Vorwort habe ich Valkyrie, mein erstes Pony, erwähnt. Sie war ein kleines, rundliches Shetlandpony mit dickem Fell und viel Charakter. Ihre ersten Lebensjahre hatte sie in der Umgebung von Windsor Castle verbracht und Prinz Andrew und Prinz Edward das Reiten beigebracht. 1971, kurz nach meiner Geburt, kam sie als Geschenk Ihrer Majestät der Königin nach Kingsclere. Nachdem sie versucht hatte, auch mir das Reiten sowie anständiges Benehmen beizubringen, lebte sie noch bis in ihre Dreißiger bei uns. Immer wenn die Königin kam, um ihre Rennpferde zu besuchen, wollte sie auch Valkyrie sehen. So kam es, dass am Ende einer langen Reihe muskulöser und gepflegter Vollblutrennpferde ein dickes kleines Shetlandpony stand.

»Ah, Valkyrie!«, sagte die Queen dann immer freudestrahlend. »Sie sieht so gut aus.« Ich bin mir ziemlich sicher, dass Valkyrie die Königin auch erkannte und den Kopf absichtlich beugte. Jedenfalls hat Ihre Majestät sie nie vergessen.

Dies ist die Geschichte eines anderen kleinen, unvergesslichen Ponys, die uns zurückführt in den Zweiten Weltkrieg, als Chindits, Spezialeinheiten aus britischen und indischen Truppen, in Burma gegen die japanische Armee kämpften. Es bestand in dieser Phase wenig Hoffnung, die Invasoren aus dem Land treiben zu können, aber die Soldaten bildeten eine geheime »Phantomarmee«, deren Aufgabe es war, Überraschungsangriffe auf die japanischen Camps und Stützpunkte zu starten, bevor sie wieder im Dschungel verschwanden.

Das Unternehmen war hart. Die durch Hunger und Krankheit geschwächten Truppen bewegten sich auf schwierigem Gelände und mussten bei ihrem Versuch, die Feinde zurückzudrängen, lange Märsche zurücklegen. Viele wurden getötet und verwundet. Einige litten so sehr an Ruhr, dass sie Löcher in den Hosenboden schneiden mussten, um auf diesen beschwerlichen Trecks nicht dauernd anhalten zu müssen. Die Stimmung war schlecht.

In White City, einer Blockadestellung bei Mawlu, waren Tiere für die Männer eine erfreuliche Ablenkung und Trost zugleich. Besonders eines. Während eines brutalen Angriffs der japanischen Streitkräfte, bei dem viele Kämpfer getötet wurden, bekam eine Stute gerade ein Fohlen. Die Männer nannten es Minnie und freuten sich, dadurch etwas anderes als Tod und Zerstörung um sich herum zu haben. Sobald die Kämpfe abflauten, kamen sie, um das kleine Fohlen mit den spindeldürren Beinen zu sehen. Schnell wurde es zu ihrem heimlichen Maskottchen.

Die Bombardierungen dauerten an, und bei einem weiteren tödlichen Angriff trat ein von Panik erfasster Maulesel Minnie ins Auge. Die Männer taten, was sie konnten, um das Tier zu retten. Ihre Sorge war so groß, dass Mike Calvert, Kommandeur der 77. Brigade (liebevoll »Mad Mike« genannt), regelmäßige Meldungen über ihre Genesung an alle vorderen Stellungen anordnete. Zum Glück erholte Minnie sich gut und besuchte die Soldaten bei den verschiedenen Granatwerferstellungen, um Zuckerstücke und Tee abzustauben, den sie aus einem Halbliter-Zinnbecher trank.

Als die Truppen sich schließlich anschickten, White City zu verlassen, und klar war, dass Minnie zu jung für den langen Marsch durch feindlichen Dschungel war, sorgte der Brigadegeneral dafür, dass sie trotz der offensichtlichen Gefahr nach Indien geflogen wurde. Ein Flugzeug zu nutzen, um weit in Feindesland zu fliegen und dadurch sowohl Besatzung als auch Maschine in Gefahr zu bringen, verstieß so ziemlich gegen alle militärischen Regeln. Aber Minnie hatte viel für die Moral der Männer getan, sie war es den Chindits wert.

Sie blieb im indischen Dehradun, bis das Bataillon 1944 nach Hause zurückkehrte, und machte weiterhin von sich reden, nicht zuletzt, indem sie die Servietten in der Unteroffiziersmesse fraß. Auch nach dem Krieg durfte Minnie bei den Lancashire Fusiliers bleiben, deren offizielles Maskottchen sie wurde. Im Oktober 1947 kehrte sie auf der Georgic mit den Truppen zurück nach England, genoss die Seeluft und vertilgte alles, was sie von ihren Fans bekam, einschließlich Frühstücksfleisch und Dosenmilch.

Nach der Rückkehr nach England war das Bataillon zunächst in Shropshire stationiert. Minnie nahm an festlichen Paraden teil, mit speziellem Zaumzeug und Satteldecke. Als das Bataillon nach Warminster verlegt wurde, ging Minnie mit. Sie war 1948 Teil der »Trooping the Colour«-Parade und reiste mit zu einem Einsatz in Ägypten, wo sie im November 1951 einer Lungenentzündung erlag.

Minnie wurde (größtenteils) im Camp in Moascar begraben. Aus zweien ihrer Hufe wurden ein Tintenfass und ein Briefbeschwerer gemacht. Sie sind zusammen mit ihrem Schweif und ihrer Decke im Regimentsmuseum in Bury Lancashire ausgestellt. Die anderen beiden Hufe erhielten die Gemeinden Bury und Rochdale als Erinnerung.

MIKE,
der kopflose Hahn

Wenn wir viel zu tun haben oder gestresst sind, haben wir wahrscheinlich alle schon einmal den Ausdruck »wie ein aufgescheuchtes Huhn herumlaufen« benutzt. Genau das tat ein Huhn in den USA achtzehn Monate lang. Hier ist die Geschichte von Miracle Mike.

Eine kleine Farm in Fruita, Colorado, im September 1945. Es war Zeit zum Hühnerschlachten. In einem Arbeitsgang schafften Lloyd Olsen und seine Frau Clara vierzig bis fünfzig Hühner. Lloyd enthauptete sie und Clara erledigte den Rest.

Es kommt oft vor, dass ein Huhn noch ungefähr fünfzehn Minuten herumläuft, nachdem ihm der Kopf abgehackt worden ist, denn solange das Rückenmark noch mit Sauerstoff versorgt wird, können die Nervenzellen automatisch die Bewegung der Beine aktivieren. Das Huhn läuft dann ziellos umher und fällt, wenn der Sauerstoff aufgebraucht ist, tot um. In diesem Fall jedoch fiel der junge Hahn, nachdem ihm der Kopf abgehackt worden war, nicht innerhalb einer Stunde, eines Tages, einer Woche oder eines Monats tot um. Stattdessen erlangte er Berühmtheit im Amerika der Nachkriegszeit.

Olsen ließ den enthaupteten Hahn in einer Kiste und erwartete nicht, dass er die Nacht überleben würde. Am nächsten Morgen schien er jedoch so aktiv wie immer. Olsen erkannte die Chance und nahm ihn mit den anderen (definitiv toten) Hühnern mit zum Markt. Dort wettete er mit den Leuten, er habe ein lebendes kopfloses Hähnchen im Wagen. Er gewann jede Wette.

Der kuriose Fall sprach sich herum und erschien auf den Titelseiten der Lokalzeitungen. So erreichte die Geschichte weitere Kreise, bis ein Mann namens Hope Wade, ein Veranstalter von Sideshows aus Salt Lake City, Utah, darauf aufmerksam wurde. Wade verstand es, eine Menschenmenge um eine Papiertüte zu versammeln – aus einem lebendigen kopflosen Hahn konnte er eine Goldgrube machen. Und weil er um die Anziehungskraft eines Namens wusste, nannte Wade den Hahn »Miracle Mike, der kopflose Hahn«. Die Zeitschrift *Life* griff die Geschichte auf und eine Legende war geboren.

Bevor sie auf Tour gingen, wurde der Hahn von Wissenschaftlern der University of Utah untersucht, die anschließend eine Reihe von anderen Hühnern enthaupteten, um zu sehen, ob sie überlebten (was nicht der Fall war). Nun machten sich die Olsens, Miracle Mike und Wade auf nach Kalifornien, wo die Menschen es nicht abwarten konnten, fünfundzwanzig Cent Eintrittsgeld zu bezahlen, um ein lebendes Tier ohne Kopf zu sehen. Clara dokumentierte alle Einzelheiten der Tour und die Berichterstattung der Zeitungen in einem Album.

Sie fragen sich sicher: »Wie konnte ein Hahn überleben, ohne zu essen und zu trinken?« Die Olsens waren Bauersleute und wussten, wie man ein Tier am Leben hält, wenn es notwendig ist. Sie träufelten flüssige Nahrung und Wasser direkt in Miracle Mikes Speiseröhre und entfernten den Schleim, der nicht mehr abfließen konnte, mit einer Spritze. Solange sie beide Geräte zur Hand hatten, war alles in Ordnung. Mike versuchte weiterhin sich zu putzen, zu picken und zu krähen, doch Letzteres klang eher wie ein Gurgeln.

Aber natürlich gibt es auch eine Erklärung für das »Wunder«: Die Axt hatte den Hahn in einem Winkel getroffen, durch den sein Schnabel, seine Augen, Ohren und Gesicht abgeschnitten wurden. Das meiste seines Gehirns blieb jedoch unverletzt, denn bei Hühnern sitzen achtzig Prozent davon sehr tief hinten am Kopf. Deshalb funktionierte sein Gehirn noch und sendete weiter Botschaften an die wichtigen Funktionselemente seines

Körpers. Dass er nicht verblutete, war einem Blutgerinnsel geschuldet, das sich wie durch ein Wunder zur rechten Zeit am rechten Ort gebildet hatte.

Miracle Mike sorgte für kräftige Einnahmen. Die Olsens verdienten vielleicht kein Vermögen, aber der kopflose Hahn versetzte sie in die Lage, ihr Pferd und ihren Maulesel durch zwei Traktoren zu ersetzen und eine Heuballenpresse und einen 1946er Chevrolet Pickup Truck anzuschaffen. Zusätzlich zu dem finanziellen Gewinn erlebten die Olsens das Abenteuer ihres Lebens: Ihre Reise führte sie durch Teile der Vereinigten Staaten, die sie sonst niemals gesehen hätten.

Dann ging alles schief. Im Frühling 1947 wachten Lloyd und Clara nachts in einem Motel in Phoenix, Arizona, von einem Würgegeräusch auf. Miracle Mikes Hals musste abgesaugt werden. Lloyd suchte nach der Spritze und stellte fest, dass er sie am letzten Veranstaltungsort liegen gelassen hatte.

Miracle Mike erstickte.

Der Urenkel der Olsens, Troy Water, erzählte später gegenüber der BBC, dass Lloyd nur schwer bekennen konnte, was passiert war: »Jahrelang behauptete er, dass er [den Hahn] an einen Mann im Umfeld der Show verkauft habe. Erst ein paar Jahre bevor er starb, gestand er mir schließlich, dass er eines Nachts gestorben sei. Ich glaube, er wollte nie zugeben, dass er es vermasselt hatte und die sprichwörtliche Henne, die goldene Eier legt, sterben ließ.«

Die Legende von Miracle Mike lebt dennoch weiter, zumindest in Colorado. Am dritten Wochenende im

Mai veranstaltet Fruita einen »Mike the Headless Chicken Day«, mit Aktivitäten wie »steck den Kopf auf das Hähnchen« und einen fünf Kilometer langen »Lauf wie ein kopfloses Huhn«. Die Radioactive Chicken Heads inspirierte er 2008 zu dem Lied *Headless Mike*.

MOKO,
der Tierschützer

Dieses Buch handelt nicht nur von Tieren, deren Heldentaten uns Menschen überleben ließen, bessere Menschen aus uns gemacht oder die sich zu unserem Nutzen geopfert haben. Ich will auch die erwähnen, die anderen Tieren geholfen haben, wenn es notwendig war. So wie der Delfin Moko. Er wurde rechtzeitig aktiv, um das Leben von zwei anderen Meeresbewohnern zu retten. Stellen Sie sich *Baywatch* ohne die Badeanzüge vor und Sie haben ein ungefähres Bild.

Moko lebte seit zwei Jahren in den Gewässern vor dem Strand von Mahia an der Ostküste der neuseeländischen Nordinsel. Im Sommer spielte er gern mit Badenden und stahl ihnen häufig ihre Surfbretter oder Kajaks. Als im März 2008 zwei Zwergpottwale zwischen einer Sandbank und einem Strand auf der Mahia Peninsula strandeten, versuchten Einheimische neunzig Minuten lang alles, um die Wale wieder ins offene Meer hinauszubringen. Ohne Erfolg. Die Retter waren kurz davor, sie einzuschläfern, um ihnen einen qualvollen und schmerzhaften Tod zu ersparen.

Da tauchte plötzlich der Delfin auf. Er kommunizierte irgendwie mit Mutter und Kalb und geleitete sie durch einen schmalen Kanal aufs offene Meer. Ein Umweltschutzbeamter sagte gegenüber der BBC: »Ich spreche weder Wal noch Delfin, aber da lief offenbar etwas, denn die beiden Wale änderten ihr Verhalten, waren nicht mehr verstört, sondern folgten dem Delfin bereitwillig und unverzüglich den Strand entlang und aufs Meer hinaus.«

Moko, benannt nach Mokotahi, einer Landspitze der Halbinsel, war ohnehin schon in der Gegend bekannt. Jetzt wurde er eine noch größere Attraktion. Er suchte Gesellschaft, in den Wintermonaten, wenn weniger Menschen in der Gegend waren, wurde ihm schnell langweilig. Eine Schwimmerin musste das leidvoll erfahren, als sie sich in die Fluten stürzte und mit ihm zu spielen begann. Als sie müde wurde, hinderte er sie daran, zurück zum Strand zu schwimmen, weil er weiterspielen wollte. Nachdem sie gerettet worden war, räumte sie ein, der Delfin habe nichts Böses gewollt, vielmehr sei es wahrscheinlich nicht klug von ihr gewesen, so spät allein hinauszuschwimmen.

Im September 2009 wanderte Moko die Küste hinauf nach Gisborne, wo er wieder Hunderte von Fans gewann, mit Schwimmern im Meer und in den Flüssen spielte und es genoss, gestreichelt zu werden und Bälle und Boogie Boards zu stehlen. Doch seine Wanderungen die Nordostküste hinauf verliefen nicht ohne Zwischenfälle. Er verletzte sich durch einen Angelhaken am rechten Oberkiefer und stieß verschiedentlich mit Booten zusammen. Nachdem er einem Fischerboot Richtung Norden nach Tauranga gefolgt war, machte man sich Sorgen um sein Wohlergehen und wegen seines veränderten Verhaltens. Wissenschaftler hatten herausgefunden, dass fast die Hälfte der »einsamen« Delfine, die Kontakt zu Menschen suchen, vor der Zeit sterben.

Tatsächlich fand man ein paar Wochen später Mokos Kadaver an einem Strand von Matakana Island. Die Todesursache wurde nie bestätigt, aber man nimmt an, dass er in einem Bodennetz ertrank. Die Nachricht löste eine nationale Trauer aus. Hunderte von Menschen erschienen zu einem Trauerzug und Gedenkgottesdienst, bevor er nach traditionellem Brauch der Maori an dem Strand begraben wurde, wo man ihn gefunden hatte.

MOLLY,
Mitarbeiterin im Detektivbüro

Zur Liste der großen Kriminalistenduos – Starsky and Hutch, Cagney and Lacey, Mulder and Scully, Holmes und Watson – sollten Sie Colin und Molly, das erste Haustier-Detektivbüro in Großbritannien, hinzufügen.

Colin Butcher, ehemals Kriminalinspektor, war einst in der Drogenfahndung tätig. Ich lernte ihn und seinen Cockerspaniel auf der Hundeausstellung Crufts kennen, als die beiden einen Fernsehauftritt hatten. Die Reaktion des Publikums war überwältigend, zum Teil wegen Mollys Erfolgsrate und zum Teil, weil ihre Arbeit der herkömmlichen Vorstellung widerspricht, dass Hunde Katzen jagen. In Großbritannien wurden in den letzten zehn Jahren mehr als einhunderttausend verschwundene Katzen gemeldet. Molly ist also enorm gefragt.

Colin kennt die Sorgen, wenn eine Katze verschwunden ist, aus eigener Erfahrung. Als er ein Kind war, suchte seine Familie einmal vergeblich nach Katze Mitzi. Gemini, der Hund, kratzte unablässig an einer bestimmten Stelle des Fußbodens. Schließlich begriffen sie, dass Mitzi, als Colins Vater Rohrleitungen unter den Dielenbrettern repariert hatte, unter den Fußboden geschlüpft sein musste und dort gefangen war. Mitzi wurde unverletzt geborgen. Geminis wichtige Rolle bei der Rettung säte bei Colin den Keim zu der Idee, Hunde zur Auffindung von Katzen einzusetzen.

Als er die Polizei verließ, konnte Colin den lange gehegten Plan schließlich verwirklichen. 2005 gründete er das United Kingdom Pet Detectives-Büro UKPD, das sich zunächst auf die Auffindung gestohlener Pferde und Hunde konzentrierte. Colin merkte jedoch schnell, dass fünfzig Prozent der Anfragen, die er erhielt, Katzen betrafen, und ihm wurde klar, dass er einen neuen, ganz speziellen Partner brauchte.

Er suchte einen Spaniel, der intelligent und aufmerksam sein musste und nichts gegen Katzen haben durfte. Außerdem wollte er unbedingt einen Findelhund, einen, der einen schweren Start gehabt hatte und jetzt die Chance auf ein neues Leben mit einer Aufgabe bekam. Es war schwer, den Richtigen zu finden.

Colin sah sich ungefähr ein Dutzend Hunde an, bevor er auf der Webseite Gumtree auf eine Anzeige stieß: »Sucht ein gutes Zuhause. Besitzer kommt nicht mit ihr zurecht.« Es handelte sich um die achtzehn Monate alte Molly, einen Tricolor-Arbeitscockerspaniel mit haselnussbraunen Augen und feinen Schlappohren. Sie hatte bereits drei Besitzer gehabt, und ihr eigenwilliges Verhalten machte sie nicht gerade zur perfekten Begleiterin. Aber Colin wusste sofort, dass sie die Richtige war: »Ich habe Hunderte von Hunden gesehen, aber keinen, der ihre Konzentration und Ausdauer hat. Sie macht ihre Sache so gut und lässt nicht nach.« Zudem ist Molly gut im Umgang mit Menschen, dadurch kann sie helfen, den Sorgen zu begegnen, die Besitzer sich machen, wenn ihr geliebtes Haustier verschwunden ist.

Es folgten Monate intensiven Trainings an der Schule von Medical Detection Dogs in Milton Keynes, wo Molly lernte, Gerüche zu unterscheiden und Zeichen und Kommandos zu verstehen. Im Anschluss daran musste sie zahlreiche Feldversuche bestehen, zu denen auch der »Katzentest« gehörte (um sicherzugehen, dass sie die Katzen nicht jagte). Schließlich war sie so weit, um mit ihrem Besitzer zu arbeiten.

Molly spürt die verschwundenen Katzen mittels Geruchserkennung auf. Eine Haarprobe reicht ihr, um ihrer Spur zu folgen und andere Katzen dabei zu ignorieren. Wie jede bessere Detektivin ist Molly voll ausgerüstet. Sie trägt ein reflektierendes Geschirr und ihr eigenes Abseilgerät, damit sie im Bedarfsfall Mauern heruntergelassen werden kann. Wenn sie eine vermisste Katze findet, signalisiert sie es Colin, indem sie sich hinlegt. Dies trägt gleichzeitig dazu bei, dass die Katze keine Angst bekommt. Ihre Erfolge werden mit Leckerbissen belohnt, ihr liebster: Blutwurst.

Mollys Nase in Verbindung mit Colins Ermittlerfähigkeiten hat überall in Großbritannien dabei geholfen, vermisste Katzen wiederzufinden, darunter eine, die von einem Hausboot gefallen und mutmaßlich in der Themse ertrunken war. Die am Boden zerstörten Besitzer suchten den Leichnam ihres Haustiers, Colin schloss jedoch nicht aus, dass die Katze ans Ufer geschwommen war, und tatsächlich fand Molly sie drei Tage später unter einem Wohnwagen versteckt.

Mollys Bilanz ist außergewöhnlich. Dabei kostete sie eine ihrer Suchaktionen beinahe das Leben. Als eine Spur sie in ein Waldgebiet führte, wurde sie zwei Mal von einer Kreuzotter gebissen. Das Gift, das in ihre Blutbahn gelangte, lähmte sie fast sofort. Colin brachte sie eilig zu einem Tierarzt, aber dieser hatte kein Gegengift, also konnten sie nur abwarten und zusehen, was geschah.

Molly erholte sich, aber Colin war besorgt, weil sich ihre Genesung ungewöhnlich lange hinzog und sie immer noch hinkte. Als Colins Freundin sie eines Tages normal gehen sah, flog sie auf. Offenbar hinkte sie nur in Colins Gegenwart. Nach dem Hinweis seiner Freundin stellte er eine Kamera auf, um Molly zu prüfen. Tatsächlich führte sie ihn an der Nase herum, und so war ihr Sabbatical vorbei.

Colin und Molly erhalten mindestens fünfzehn Anrufe pro Woche von verzweifelten Katzenbesitzern, die Hilfe suchen. »Ohne [Molly] wäre das alles nicht möglich. Sie testet mich, überrascht mich ständig und lässt mich nie hängen. Sie ist etwas ganz Besonderes.«

NING NONG
und der Tsunami

Die Ereignisse des zweiten Weihnachtstages 2004, als ein Sumatra-Andamanen-Beben einen Tsunami im Indischen Ozean auslöste, sind wohl bis heute unvergessen. Er war von einer solchen Wucht – eine Energie vergleichbar mit dreiundzwanzigtausend Atombomben –, dass die Erdmasse, die er bewegte, angeblich die Erdrotation beschleunigte. Die Wellen erreichten Höhen von über dreißig Metern und die Geschwindigkeit eines Düsenflugzeugs und verwüsteten die Küsten von Thailand, Sri Lanka und Malaysia. Fast zweihundertdreißigtausend Menschen verloren ihr Leben.

Die achtjährige Amber Mason aus Milton Keynes verbrachte mit ihrer Mutter und ihrem Stiefvater einen wunderbaren Urlaub auf der thailändischen Insel Phuket. Jeden Morgen lief sie hinunter zum Hotelstrand, um dort die Elefanten zu sehen. Sie liebte es, auf ihnen am Strand entlang und ins Meer zu reiten, und hatte bald ein Lieblingstier: den vierjährigen Ning Nong. Die Zuneigung beruhte auf Gegenseitigkeit. »Er nahm immer meine Hand und erkannte mich unter allen anderen«, erzählt Amber. Sie fütterte ihn mit Bananen und er berührte sie sanft mit seinem Rüssel. Der tägliche Ritt auf dem Rücken des Elefanten war für sie der Höhepunkt des Urlaubs.

Der zweite Weihnachtstag begann wie jeder andere Tag. Bereits in aller Frühe hatte es ein kleines Erdbeben gegeben, aber niemand ahnte, dass es nur der Vorbote für die Katastrophe war, die dann folgte. Nach dem Frühstück ritt Amber wie immer mit Ning Nong am Strand entlang, doch an diesem Morgen war er irgendwie anders als sonst. Ning Nong wirkte unruhig. Er wandte sich fortwährend vom Wasser ab, anstatt darauf zuzugehen, wie er es normalerweise tat.

Offenbar spürte er, dass etwas passieren würde, und sein Instinkt rettete Amber das Leben. Er und sein Mahut, der die Elefanten beaufsichtigte, ließen das Meer hinter sich, und schon stürzte die erste durch den Tsunami ausgelöste Welle auf den Strand zu. Als das Wasser rasend schnell anstieg, bekam Amber große Angst. Sie klammerte sich an Ning Nong, der instinktiv höheres Gelände ansteuerte und sie zu einer Mauer trug, die hoch genug war, dass sie dort absteigen und sich in Sicherheit bringen konnte.

Das Erste, das Ambers Mutter, die im Hotel geblieben war, von der nahenden Katastrophe mitbekam, waren die Schreie, die vom Strand ertönten. Sie wusste, dass ihre Tochter bei Ning Nong war, aber der Elefant war nirgends zu sehen. Als jemand sagte, er sei vermutlich im tosenden Wasser ums Leben gekommen, überfiel sie Panik. Doch plötzlich entdeckte sie ihn in der Ferne an die Mauer gedrückt, zusammen mit Amber. Sie holte ihre Tochter und konnte gerade noch rechtzeitig mit ihr ins Hotel flüchten – Minuten später zerstörte eine Welle mehrere Zimmer auf der untersten Etage.

Amber weiß, dass sie ohne Ning Nong gestorben wäre. »Er hat mir das Leben gerettet«, sagte sie gegenüber der *Daily Mail.* »Er erkannte, dass etwas Schlimmes passieren würde, und brachte mich dorthin, wo ich sicher war. Ich werde ihm immer dankbar sein.« Auch Ambers Mutter wird niemals vergessen, dass sie ihre Tochter nur dank Ning Nong nicht verloren hat. Jedes Jahr spendet sie Geld, das das Überleben der Elefanten auf Phuket sicherstellen soll.

PADDY,
der Wanderer

In den 1920ern bekam die Familie Glasgow in Wellington, Neuseeland, einen Airdale Terrier geschenkt: Dash. Da John Glasgow häufig auf See war, erwies Dash sich als toller Gefährte für seine Frau und besonders für seine kleine Tochter Elsie. Die drei gingen immer hinunter zum Kai, um John abzuholen, wenn er zurückerwartet wurde.

Als Elsie noch vor ihrem vierten Geburtstag an einer Lungenentzündung starb, war die Familie am Boden zerstört. Dash begann, ganz offensichtlich auf der Suche nach Elsie, am Kai entlangzulaufen. Nie mehr kehrte er nach Hause zurück. Bald war der Hund bei den Seeleuten und Hafenarbeitern in Wellington bekannt. Sie nannten ihn Paddy und gaben ihm, ebenso wie die örtlichen Taxifahrer, zu fressen, abwechselnd zahlten sie die jährlich fällige Hundesteuer. Paddy wurde offiziell vom Wellington Harbour Board adoptiert und zum stellvertretenden Nachtwächter erklärt – zum Schutz gegen »Piraten, Schmuggler und Nagetiere«.

Paddy unternahm bald größere Erkundungen durch die Stadt, wobei er auch mit der Straßenbahn fuhr. Und als sich die Große Depression breitmachte, verließ er die neuseeländische Hauptstadt als blinder Passagier auf einem Schiff, das nach Australien auslief, besuchte verschiedene neuseeländische Häfen und kehrte schließlich mit einem anderen Schiff nach Wellington zurück. Seine mutigen, tollkühnen Abenteuer wurden zum Stadtgespräch. Man erzählte sich, Hafenarbeiter in Auckland hätten versucht, ihn zu entführen, ihn aber aus Angst vor der Rache ihrer Wellingtoner Rivalen wohlbehalten zurückkehren lassen.

Als Paddy im Juli 1939 erkrankte, zahlten die Taxifahrer das Tierheim für ihn, damit er sich dort erholte. Doch der Hund hatte andere Vorstellungen. Als einer der Fahrer ihn besuchte, sprang er hinten ins Auto und weigerte sich wieder auszusteigen, bis er zurück zu den Docks gebracht worden war. Dort bauten seine Wohltäter in einem der Schuppen ein Bett für ihn, wo er kurz darauf, am 17. Juli 1939, starb.

Die *Evening Post* berichtete, dass Paddys Sarg mit der Inschrift »Paddy, der Wanderer – in Ruhe« von einem aus zwölf Taxis bestehenden Trauerzug gefahren wurde und alles in der Stadt zum Erliegen brachte, weil die Menschen herbeiströmten, um ihm die letzte Ehre zu erweisen.

1945 wurde eine Sammelaktion gestartet, um ein Denkmal in der Nähe der Queens Wharf Gates zu finanzieren. Zu dem Standbild aus Bronze und Granitsteinen, die von der ersten Waterloo Bridge in London stammen, gehört ein Trinkbrunnen mit Schalen für Hunde.

UNGELIEBTE HELFER
der Menschheit

Ratten stehen unter den Tieren nicht ganz oben auf der Beliebtheitsskala. Sie richten Schäden in unseren Häusern und Büros an, übertragen tödliche Infektionen, einschließlich Salmonellen und die Weil-Krankheit, und waren für die Beulenpest oder den Schwarzen Tod verantwortlich, der in der Mitte des 14. Jahrhunderts die Welt heimsuchte. Im Zentrum von London, heißt es, ist man nie mehr als zwei Meter von einer Ratte entfernt. Ratten werden für alles verantwortlich gemacht – bestimmt auch für die Ausbreitung von COVID-19. Doch geben wir der gewöhnlichen Ratte die Chance, ein Held zu sein statt eine Geißel.

Bei der Suche nach Landminen zum Beispiel retten Ratten überall auf der Welt Leben und riskieren dabei ihr eigenes. Die in Subsahara-Afrika beheimateten Riesenhamsterratten haben einen hoch entwickelten Geruchssinn, der es ihnen ermöglicht, beim Aufspüren von im Boden vergrabenen Landminen effizienter zu arbeiten als Hunde oder Menschen. Dabei sind sie so leichtfüßig unterwegs, dass sie seltener Minen auslösen, wenn sie drauftreten.

Ratten sind auch viel schneller als ein Mensch, der mit einem Metalldetektor arbeitet und dazuhin ein viel höheres Risiko eingeht, eine Explosion auszulösen, wenn er einen Fuß falsch setzt. Um eine Fläche von einhundertfünfundachtzig Quadratmetern abzusuchen, braucht eine Ratte zwanzig Minuten, ein Mensch bis zu vier Tage. Zwar kostet es einige tausend Pfund, um eine einzige Ratte abzurichten, und es ist ein mühsamer Prozess, der ungefähr neun Monate in Anspruch nimmt, denn die Ratte muss lernen, mit Menschen zu kooperieren, auf Kletternetzen über Minenfelder zu laufen und dabei ein spezielles Geschirr zu tragen. Aber es ist immer noch billiger als die Ausbildung von Hunden. Außerdem sind Ratten einfacher zu transportieren.

Anders als Hunde reagieren Ratten nicht auf verbale Kommandos, vielmehr lernen sie mit Hilfe eines Systems aus Klicks (akustischen Signalen) und Belohnungen in Form von Avocados, Bananen oder Erdnüssen. Wenn eine Ratte auf eine Mine stößt, signalisiert sie das ihrem Dresseur, indem sie die Nase in die Luft streckt. Die Mine kann dann entweder zur Explosion gebracht oder entschärft werden.

Es wird geschätzt, dass noch einhundertzehn Millionen Landminen in über sechzig Ländern unter der Erde sind, einige aus kriegerischen Auseinandersetzungen, die schon seit Jahrzehnten beendet sind. Sie stellen ein enormes Risiko dar und verstümmeln jedes Jahr fünfzehn- bis zwanzigtausend Menschen. Deshalb hat die belgische Non-Profit-Organisation APOPO 1997 die heroRats, eine Armee von Riesenhamsterratten, aufgestellt, die in verschiedenen Ländern der Welt helfen, Landminen zu räumen. Seit die heroRats ihre Arbeit aufgenommen haben, konnten mit Hilfe von Ratten über dreizehntausend Minen in Kambodscha, Angola, Mosambik und Tansania entschärft werden.

Ratten können jedoch nicht nur Landminen aufspüren, sondern sind auch Experten im Aufdecken einer Krankheit, die laut WHO »eine der zehn Haupttodesursachen weltweit« ist: Tuberkulose. Sie wurden auf den Geruch im Auswurf trainiert und werden auch zur Kontrolle eingesetzt, um das Diagnoseverfahren zu beschleunigen. Ein Labortechniker braucht einen Tag, um mit dem Mikroskop vierzig Proben zu untersuchen, für eine Ratte ist dieselbe Arbeit eine Sache von wenigen Minuten.

Doch nicht nur das: Beim Screening von vierzigtausend Proben entdeckten Ratten 2015 über tausend Fälle, die bei herkömmlichen Diagnoseverfahren übersehen worden waren. Angeblich haben in Tansania TB-Diagnosen um vierzig Prozent zugenommen, seitdem Ratten 2007 eingesetzt wurden. Studien der Sokoine University of Agriculture in Morogoro, Tansania, zeigten 2018, dass Ratten in der Lage waren, bei Kindern sogar siebzig Prozent mehr Fälle von TB aufzudecken als Standardtests. Das könnte viel verändern, denn Tuberkulose betrifft ungefähr eine Million Kinder im Jahr, und ein Viertel davon stirbt an der Krankheit.

Angesichts der Tatsache, dass sie auch Krankheiten verbreiten, sind diese Nagetiere vielleicht besonders eigenartige Helden, aber wir sollten sie mehr achten und dankbar für ihren Beitrag zur Gesundheit und Sicherheit der Menschen sein.

PUDSEY,
der Fernsehstar

Wir haben von Hunden gehört, die Krebs entdecken, Bomben erschnüffeln, Blinde führen oder Menschen aus eingestürzten Häusern retten, aber wie überall gehört ein bisschen Show, ein Hauch Glitzer, eine Prise Drama dazu. Wie wär's mit einem Hund, der die Zuschauer vor Begeisterung von den Stühlen reißt?

Im britischen Fernsehen gibt es wohl keine bedeutendere Talentshow als *Britain's Got Talent*. Als Gewinn locken ein Scheck über zweihundertfünfzigtausend Pfund und die Gelegenheit, vor der Queen in der Royal Variety Performance aufzutreten, einer Fernsehshow, die zu wohltätigen Zwecken in Anwesenheit von Mitgliedern des Königshauses veranstaltet wird.

Zehntausende nehmen jedes Jahr daran teil. Die ersten fünf Gewinner waren alle unglaublich begabte Sänger oder außergewöhnliche Tänzer. Konnte in der sechsten Staffel etwas vollkommen anderes zum Erfolg führen? Ashleigh Butler, eine Schülerin aus Wellingborough, Northamptonshire, glaubte dies und war entschlossen, mit ihrem Partner Pudsey ihr Bestes zu geben.

Ashleigh, die damals in der Oberstufe war, hatte bereits mit ihrem sechsjährigen Hund, einer Mischung aus Border Collie, Bichon Frisé und Chinesischem Schopfhund, gearbeitet, lange bevor sie die Idee hatte, bei *BGT* mitzumachen. Sobald das grundlegende Welpentraining abgeschlossen war und er Dinge wie Hinsetzen und -legen vollkommen beherrschte, begann sie Pudsey einfache Bewegungsabläufe beizubringen: beim Sitzen mit der Pfote winken, dann herumrollen, sich durch ihre Beine schlängeln und um sich selbst drehen.

Der Hund lernte neue Tricks schnell und bot dazu noch Eigenes an, zum Beispiel durch die Arme seiner Besitzerin springen oder auf den Hinterbeinen laufen. »Das sind keine gewöhnlichen Moves, aber Pudsey hat sie leicht gelernt«, sagte Ashleigh und erklärte: »In unserem täglichen Training kann er richtig hoch springen, denn er ist vom ›Agility‹ daran gewöhnt. Das fördert seine Wendigkeit.«

Ashleigh hatte mit Pudsey an Gehorsamkeits- und Agility-Kursen teilgenommen. Dann begann sie sich mit Heelwork to Music (HTM), einer speziellen Disziplin der Hundeausbildung, zu beschäftigen, las Bücher und nutzte Onlinequellen. HTM ist vergleichbar mit der Dressur im Pferdesport – Hund und Mensch müssen zusammen tanzen, es ist eine Verbindung von Gehorsam, Kreativität und Energie. Ashleigh lernte die Bewegungsabläufe mit Pudsey zusammen, probierte verschiedene Varianten aus, um zu sehen, welche ihm am liebsten war. »Wie lange ein Hund braucht, um Tricks zu lernen, hängt davon ab, wie viel Zeit Menschen investieren, wie sehr der Hund es will und wie schnell er insgesamt lernt«, sagt Ashleigh.

Ihre Bewerbung bei *Britain's Got Talent* beeindruckte

die Produzenten so, dass sie es durch die Vorentschei-
dungen schaffte. Als Nächstes kam der Auftritt vor den
Juroren. Die Show war nie größer gewesen, noch hatte es
mehr Nummern gegeben, es fanden Castings in Cardiff,
Birmingham, London, Manchester, Blackpool und Edinburgh statt. Das Paar trat in Cardiff vor Simon Cowell,
Alesha Dixon und David Williams auf. Ihre Vorführung
zur Filmmusik von *Die Familie Feuerstein* gelang fehler-
los. Am Ende standen Zuschauer und Juroren auf, es gab
stehende Ovationen. Besonders Simon schien Pudseys
Wendigkeit zu bewundern und er deutete an, dass er
gerne einen Hund als Sieger sehen würde.

Ihre Halbfinalrunde war die erste von fünf, jede mit
acht Nummern. Diesmal zeigten sie eine Vorführung zu
»Peppy and George«. Und wieder waren alle, die zusahen, von der Geschicklichkeit und Fähigkeit des Hundes überwältigt. Die Publikumswahl brachte sie direkt
ins Finale, das am 12. Mai 2012 stattfand. Hierfür wählte
Ashleigh die Musik von *Mission Impossible* – passender-
weise. Denn wie sollten eine Oberstufenschülerin und
ihr Hund den Titel gewinnen und die heißen Favoriten,
ein Gesangsduo namens Jonathan und Charlotte, schlagen?

Mehr als dreizehn Millionen Menschen hatten die
Liveshow eingeschaltet, als Pudsey und Ashleigh für
ihren starken Auftritt auf einem Schwebesessel auf die
Bühne heruntergelassen wurden. Trotz der Ablenkung
durch die Menge, der lauten Musik, der bunten Kulisse
und der in wechselndem Licht aufleuchtenden Groß-
bildleinwand war ihre Vorführung so perfekt koordi-

niert wie immer. Pudsey setzte nicht eine Pfote falsch, wendete gleichzeitig mit Ashleigh, wand sich durch ihre Arme, tanzte auf zwei Beinen hinter ihr und lief am Pult der Juroren entlang, bevor er auf den Rücken seiner Besitzerin sprang.

Zu den Juroren sagte Alesha: »Jedem da draußen, der Hunde falsch behandelt, zeigst du, wie besonders sie sind.« Und Simon fügte hinzu: »Eine meiner absoluten Lieblingsnummern – ihr wisst, wie sehr ich Hunde mag.« Es war das Publikumsvotum in einer Nation von Hundeliebhabern. Pudsey hatte Millionen überzeugt. Als die Moderatoren Ant und Dec ihre Namen vorlasen, waren Ashleigh und Pudsey das erste Mensch-Tier-Paar, das *Britain's Got Talent* gewonnen hatte.

Infolge ihres Sieges wurde das Land von einer regelrechten Pudsey-Manie ergriffen. Aus allen Richtungen kamen Einladungen; der Kennel Club wurde mit Anfragen nach Agility- und Heelwork-to-Music-Kursen überschwemmt.

Ashleigh und Pudsey traten zwei Mal vor der Queen auf, in der Sendung Royal Variety Performance und auf dem Epsom Downs Racecourse im Rahmen der Feierlichkeiten zum diamantenen Thronjubiläum – wo ich Ashleigh zum ersten Mal interviewte. Sie erzählte mir, dass sich die Königin, bekannt für ihre Liebe zu Hunden, besonders für ihre Trainingsmethoden interessierte und von Pudseys Fähigkeit fasziniert war, sich auf sie zu konzentrieren und alle Ablenkungen zu ignorieren.

Die beiden traten in Dutzenden Fernsehsendungen auf. In der Verfilmung von David Williams Buch

Mr Stink fürs Fernsehen gab Pudsey sein Schauspiledebüt als »Duchess«. Und schließlich produzierte Simon Cowell *Pudsey: Der Film.*

Pudseys Tod 2017 war für seine Besitzerin ein großer Verlust. In den sozialen Medien schrieb sie: »Mein Herz ist gebrochen und ich weiß nicht, wie ich das überstehen soll. Er war ein ganz besonderer Hund für mich, für den es niemals einen Ersatz geben wird.«

RED RUM,
Sportler des Jahrhunderts

Die 1970er Jahre waren ein Jahrzehnt des Glam Rock, des Punk und der Plateauschuhe. Kinder fuhren Chopper, aßen Spangles und hopsten auf Hüpfbällen. Erwachsene fuhren Ford Cortinas und trugen Tank Tops und Hosen mit Schlag. Wir hatten Streiks, Dreitagewochen, einen »Winter of Discontent« und einen Sommer, der so heiß war, dass die Straßen schmolzen. Es war ein Jahrzehnt, in dem sich Dinge schnell veränderten, aber es gab die eine Sicherheit, die eine Konstante, das Eine, das mit absoluter Regelmäßigkeit eintrat: Jedes Jahr im April war Red Rum in Aintree.

In den fünf Jahren, in denen Red Rum am Grand National teilnahm – dem berühmtesten Pferdehindernisrennen in Großbritannien –, war er unter den beiden Ersten. Drei Mal gewann er das große Rennen, zwei Mal war er Zweiter, sprang einhundertfünfzig Hindernisse ohne Fehler. Er war das bekannteste Pferd des Landes, und jeder liebte seine unwahrscheinliche Geschichte.

Red Rum wurde in der Grafschaft Kilkenny in Irland geboren und nach den jeweils letzten drei Buchstaben von Vater und Mutter (Mared und Quorum) benannt. Er startete als Sprinter und gewann sein erstes Rennen ironischerweise in Aintree (wo damals noch gemischte Rennen, also Hindernis- und Flachrennen, stattfanden). Zwei Mal ritt ihn der große Jockey Lester Piggott.

Red Rum war ein eher kleines Pferd, doch Bobby Renton, der Freebooter trainiert hatte, den Gewinner des Grand National im Jahr 1950, bescheinigte ihm Springpotenzial. Er lief einige Saisons gemischte Rennen, darunter viele harte, und holte ein paar Siege. Das Problem war, dass er oft lahmte. Schließlich wurde Hufbein-Ostitis diagnostiziert, eine Entzündung des Knochens im Huf, der die Hauptlast trägt und Schmerzen und Empfindlichkeit verursacht. Nach einer langen erfolglosen Phase wurde Red Rum 1972 auf einer Auktion in Doncaster angeboten.

Unterdessen hatte Donald McCain (genannt Ginger), ehemaliger Taxifahrer und Gebrauchtwagenhändler und inzwischen Rennpferdetrainer, einen Traum: Er wollte einmal ein Pferd trainieren, das den Grand National gewann. McCain lebte in Southport, zweiunddreißig Kilometer nördlich von Liverpool. Unter seinen früheren Fahrgästen war ein örtlicher Geschäftsmann, der es vom

Trawlerfischer zum Millionär gebracht hatte. Samstagabends, wenn Ginger Noel le Mare zum Prince of Wales Hotel in Southport und zurück fuhr, sprachen sie über Rennen, und irgendwann ließ Le Mare sich von Ginger überreden, ihm ein Pferd zum Trainieren zu schicken.

Ohne etwas von den gesundheitlichen Problemen zu wissen, zahlten sie sechstausend Pfund für Red Rum und brachten ihn in einem Stall hinter McCains Autohaus unter. Die meisten Rennpferdetrainer haben Zugang zu Gras und Allwetterbahnen. Manche haben überdachte Reitplätze oder -hallen, Führanlagen und Swimmingpools für Pferde. McCain hatte nichts davon, aber er hatte den kilometerlangen Strand von Ainsdale und die Irische See.

McCain beförderte Red Rum durch die Straßen von Southport hinunter zum Strand und beobachtete, wie er im Sand trabte. Zu seinem Entsetzen stellte er fest, dass das Pferd, das er gerade für viel Geld gekauft hatte – mehr Geld, als er jemals für ein Pferd bezahlt hatte –, lahm war. »Oh mein Gott, was soll ich Noel le Mare sagen, dessen Geld ich ausgegeben habe?«, dachte er.

Er schickte das Pferd zum Planschen ins Wasser. Kaltes Salzwasser wurde schon lange zur Behandlung von Lahmheit angewandt. In diesem Fall war es ein Wundermittel. Red Rum kam aus dem Wasser und trabte vollkommen klar. Auch der Galopp im Sand war in Ordnung. Erst später erfuhr McCain von der Hufbein-Ostitis, aber da hatte er bereits die Lösung gefunden.

Innerhalb von sieben Monaten gewann »Rummy« vier von neun Rennen und brachte fast dreißigtausend

Pfund an Preisgeldern ein. McCain war auf dem besten Weg, seinen Traum zu verwirklichen und endlich ein Pferd mit einer Chance im Grand National zu haben. Red Rum wurde mit einer Siegquote von 9:1 als Mitfavorit des australischen Champions Crisp an den Start geschickt.

Der Rennsport steckte gerade in einer Krise. Die Rennbahn in Aintree stand zum Verkauf und drohte ein Industrie- oder Neubaugebiet zu werden. Die Besucherzahlen gingen Jahr für Jahr zurück, während die Ticketpreise stiegen, und die Zeitungen verkündeten jedes Mal: »Dies könnte das letzte Grand National sein.« Das Rennen brauchte dringend einen Helden.

1973 sah es so aus, als wäre Crisp dieser Held, ein sehr großes Pferd, das sprang wie eine Antilope und dessen ungeheure Galoppade ihn weit in Führung katapultierte. Red Rum, geritten von Brian Fletcher, sprang locker über die Hindernisse, fiel aber meilenweit zurück. Crisp lag mit einem Vorsprung von gut neunzig Metern bereits klar vorn, doch am letzten Sprung wurde er offensichtlich müde. Sein Jockey Richard Pitman setzte die Gerte ein, aber das brachte Crisp nur aus dem Rhythmus und er bockte plötzlich.

Hinter ihm hatte Red Rum das letzte Hindernis überwunden und holte auf. Während Crisp immer mehr nachließ, galoppierte Rummy weiter, wobei er zehn Kilo weniger Gewicht trug, denn nach den Regeln des Rennsports werden stärkere Teilnehmer mit einem Handicap belastet; Crisp hatte sechsundsiebzig Kilo auf dem Rücken. Kurz vorm Ziel übernahm Red Rum die Führung und gewann sein erstes Grand National mit einer dreiviertel Länge. Beide Pferde hatten Golden Millers Rekordzeit gebrochen. Die neue Marke von neun Minuten und 1,9 Sekunden hielt siebzehn Jahre. Niemand konnte so recht glauben, was gerade geschehen war, am wenigsten Crisps Jockey Richard Pitman, der so sicher gewesen war zu gewinnen. »Ich hatte das Gefühl, als sei ich an den Gleisen festgekettet, ein Eilzug kam angedonnert und ich konnte nicht aus dem Weg springen«, sagte er.

Als »Schuldiger« des Ganzen musste Red Rum 1974 mit dem Höchstgewicht von sechsundsiebzig Kilo starten. Er wurde wieder von Brian Fletcher geritten, wich gestürzten Pferden aus und ging in Führung, als sie in der zweiten Runde das Hindernis Becher's Brook erreichten. Er gab sie nicht mehr auf und gewann mit sieben Längen Vorsprung vor dem zweifachen Gewinner eines anderen prestigeträchtigen Rennens, des Cheltenham Gold Cup, L'Escargot. So war Red Rum das erste Pferd, das das Grand National zwei Mal hintereinander gewann, und das erste, das dabei sechsundsiebzig Kilo trug. Diesmal akzeptierte die Menge seinen Sieg. Ein paar Wochen später gewann er den Scottish Grand National, ebenfalls mit Höchstgewicht, und wurde vierunddreißig Jahre lang von keinem anderen Pferd eingeholt.

Im 1975er-Rennen wurde Red Rum Zweiter hinter L'Escargot und 1976 – mit einem neuen Jockey, Tommy Stack – von Rag Trade geschlagen, der fünfeinhalb Kilo weniger auf dem Rücken hatte. Red Rums Form schien nachzulassen, aber McCain blieb zuversichtlich und Red Rum trat 1977 noch einmal an, wieder mit Höchstgewicht, gegen einundvierzig andere Pferde. Viele glaubten, dass er mit zwölf Jahren den Zenit überschritten hatte, aber die breite Öffentlichkeit stand hinter ihm, und so ging er wieder als Mitfavorit ins Rennen.

Einundfünfzigtausend Zuschauer waren – entgegen dem rückläufigen Trend der frühen Siebziger – bei sonnigem Wetter nach Aintree gekommen, um Red Rum zu sehen. Es war wohl einer der größten Momente in der Geschichte des Pferderennens, als sie ihn zum Sieg anfeuerten, den er mit fünfundzwanzig Längen vor Churchtown Boy holte. Sportreporter Peter O'Sullevan kommentierte: »Die Menge will ihn jetzt nach Hause bringen. Der zwölfjährige Red Rum, angeführt nur von freilaufenden Pferden, verfolgt von Churchtown Boy... Sie kommen zum Ellbogen [der Kurve vor dem Ziel], nur eine Achtelmeile jetzt zwischen Red Rum und seinem dritten Grand National Sieg! Die Hüte werden gezogen und ein überwältigender Empfang, wie man ihn noch nie in Liverpool erlebt hat – Red Rum gewinnt das National!« O'Sullevan zweifelte nicht an der Bedeutung, die das legendäre Pferd für den britischen Rennsport spielte. »McCain und Red Rum waren maßgeblich daran beteiligt, dass das Grand National überlebte, als es in ernster Gefahr war«, schrieb er.

Red Rum, das erste Pferd, das das Grand National drei Mal gewann, wurde Teil der öffentlichen Folklore. Er wurde im Ballsaal des Bold Hotels in Southport gefeiert (der Saal war extra mit rotem Teppich ausgelegt worden) und stahl bei einem Liveauftritt in den BBC Studios bei der Wahl der *Sports Personality of the Year* allen die Show. Eigentlich sollte er 1978 noch einmal nach Aintree zurückkehren, um den vierten Sieg zu holen, aber ein Haarriss (Knochenfissur) sorgte für seinen Abschied vom Rennsport. Die Verletzung war der Aufmacher der *Nine O'Clock News* und auf allen Titelseiten. Statt beim Rennen mitzulaufen, führte Red Rum die Parade des Grand National an; eine Ehre, die ihm noch weitere fünfzehn Jahre zuteilwurde.

Red Rum war eine Berühmtheit, er trat gegen Gage öffentlich auf, vergleichbar mit Schauspielern oder Unterhaltungskünstlern der Zeit. Er eröffnete Supermärkte ebenso wie das traditionsreiche Lichtfestival Blackpool Illuminations, die neue Achterbahn im Pleasure Beach, und trat in einigen Fernsehshows auf. Das Pferd, das in über hundert Rennen an keinem einzigen Hindernis stürzte, starb im Oktober 1995 im reifen Alter von dreißig Jahren. Red Rum wurde am Siegerpfosten von Aintree begraben. Auf seinem Grabstein steht:

Achte diesen Ort
In diesem Boden
Hat eine Legende
Ihre letzte Ruhe gefunden
Seine Füße flogen
Unsere Geister beflügelnd
Er verdient unsere Liebe
Auf immer.

KHAN
zieht seinen Herrn an Land

Anfang 1942 rief die britische Regierung dazu auf, Hunde für den Kriegseinsatz abzugeben. Tausende reagierten auf die Anfrage nach starken, gesunden, intelligenten Hunden, die für Rettungseinsätze sowie Wach- und Patrouillendienste bei der Armee ausgebildet werden sollten. Unter ihnen war auch der achtjährige Barry Railton, der freiwillig seinen hübschen Deutschen Schäferhund meldete.

In der Militärhundeschule angekommen, zeigte er sich als »Militärhund 147« vom ersten Moment an vielversprechend. Durch seine Intelligenz und Geschicklichkeit zeichnete er sich als Starschüler aus, wenn es darum ging Sprengstoff aufzuspüren. Die Schule war gerade erst auf der Hunderennbahn von Pottbar gegründet worden, bis Mai 1944 hatten sechsundsiebzigtausend Hunde die Ausbildung durchlaufen. Achtzehn davon bekamen die von der PDSA vergebene Dickin Medal, das Victoria Cross für Hunde.

Der Deutsche Schäferhund wurde dem 6. Bataillon der Cameronians (Scottish Rifles) zugeteilt und Khan genannt, nach den indischen Soldaten, die bei den alliierten Streitkräften dienten. Sein Hundeführer war Lance Corporal James Muldoon, genannt Jimmy. Die beiden arbeiteten gut zusammen und waren bald eng verbunden.

Das Bataillon wurde nach Belgien geschickt, um im November 1944 in der Schlacht an der Scheldemündung zu kämpfen. Khan und Muldoon waren unter den Truppen, die die Halbinsel Walcheren angriffen. Ihre Rückeroberung hatte große strategische Bedeutung, weil sie es den Alliierten ermöglichte, mit der Invasion Deutschlands zu beginnen.

Als die Soldaten sich im Schutz der Dunkelheit der Halbinsel näherten, wurde ihre Einheit von feindlichen Suchscheinwerfern entdeckt. Die Deutschen feuerten mit schwerer Artillerie. Das Sturmboot kenterte und die Soldaten fielen ins eiskalte Wasser. Khan gelang es, an Land zu schwimmen, aber sein Hundeführer war nirgendwo zu sehen. Muldoon war in großer Not, denn er konnte nicht schwimmen und trug einen schweren Rucksack, der ihn unter die Wellen zog. Selbst wenn er nicht vom Feind getroffen wurde, würde er mit Sicherheit ertrinken.

Khan trotzte dem schweren Beschuss, schwamm noch einmal gut einhundertachtzig Meter hinaus und zog seinen Hundeführer an Land. Er wich Muldoon nicht von der Seite und begleitete ihn sogar ins Lazarett.

Die anderen Soldaten, die Khans Rettungsaktion beobachtet hatten, setzten sich später dafür ein, dass der Hund für seine Loyalität und seinen Mut ausgezeichnet wurde. Dem wurde inoffiziell durch seine Beförderung zu »Schütze Khan« entsprochen, die offizielle Auszeichnung des Hundes mit der Dickin Medal folgte im

März 1945. In der Begründung hieß es: »Für die Rettung von Lance Corporal Muldoon vor dem Ertrinken unter schwerem Granatfeuer beim Angriff auf Walcheren im November 1944, als er bei den 6. Cameronians (SR) gedient hat.«

Nach dem Krieg kehrte Khan zur Familie Railton zurück. Im Juli 1947 wurde er zusammen mit anderen Hunden, die die Dickin Medal erhalten hatten, eingeladen, an einer Parade bei der Hundeschau im Wembley Stadion teilzunehmen. Barry schrieb an Muldoon, um auch ihn dazu einzuladen, und der Soldat reiste von Schottland an, um seinen alten Freund zu sehen.

Als der Deutsche Schäferhund Jimmy im Stadion bemerkte, war seine Freude unbändig. Er warf Muldoon fast zu Boden, sprang immer wieder an ihm hoch. Bei ihrem ersten Wiedersehen nach zwei Jahren war für jeden offensichtlich, welch starke Bindung die beiden hatten.

So stark, dass Barry es nicht ignorieren konnte. Er betrachtete Khan immer noch als seinen Hund, aber er sah, dass Khan und Muldoon zusammengehörten. Deshalb gaben er und seine Familie ihren geliebten Hund dem Mann, dessen Leben er gerettet hatte, und die beiden besten Freunde fuhren zurück nach Schottland, um die Jahre, die ihnen noch blieben, glücklich zusammen zu verbringen.

2019 initiierte Margaret Cooper, Gemeinderätin von Avondale, eine Spendenaktion, um fünfundfünfzigtausend Pfund für eine Bronzestatue des Soldaten und seines heldenhaften Hundes in Strathaven zu sammeln, die

die Erinnerung an Khans Rettungseinsatz für zukünftige Generationen lebendig halten soll.

ROCKY
und der Einbrecher

Als ein Serieneinbrecher von einem Vogel am Diebstahl gehindert wurde, bekam das Tier für seine Detektivarbeit nicht nur Beifall von der Polizei, sondern auch einen neuen Spitznamen: Hercule Parrot (englisch: Papagei).

Im Juni 2017 wurde im Haus von Peter und Trudy Rowing in Kent eingebrochen. Der Dieb schnappte sich einen Laptop, ein Handy und zwei Sauerstoffkanister, die Trudy wegen Atemproblemen brauchte. Dann fiel sein Blick auf Rocky, einen Graupapagei, und er überlegte, dass auch der Vogel fünf oder zehn Pence wert sein könnte.

Vitalij Kiseliov, der 37-jährige Einbrecher, versuchte Rocky aus seinem Käfig zu nehmen, doch der Papagei wehrte sich und biss ihm in die Hand. So tief, dass Blut aus der Wunde tropfte, als Kiseliov wegrannte. Als die Polizei eintraf, hatten sie einen wasserdichten Beweis, der den Seriendieb vor Gericht bringen würde.

DNA-Tests zur Identifizierung von Verdächtigen durch ihren einzigartigen genetischen Fingerabdruck wurden

Mitte der 1980er Jahre erstmals bei einer polizeilichen Ermittlung eingesetzt und haben immer mehr an Bedeutung gewonnen, sowohl um Straftäter zu überführen als auch um Unschuldige zu entlasten. Kiseliov war wegen früherer Vergehen bereits in der Polizeidatenbank, deshalb war es auf Grund der Untersuchung der Blutprobe relativ einfach, ihn zu finden und zu verhaften. Er bekannte sich vor dem Maidstone Crown Court des Einbruchs in sechs Fällen schuldig und kam für vier Jahre ins Gefängnis.

Bei seiner Flucht hatte Kiseliov Rocky aus dem Fenster geworfen, und so wurde der Papagei zunächst vermisst. Nach einem Facebook-Aufruf ihrer Enkelin Nikki fand man ihn jedoch und brachte ihn den Rowings zurück.

SALTY UND ROSELLE,
Lebensretter 9/11

Es gab mehrere Hunde, die nach Überlebenden der Terroranschläge vom 11. September 2001 gesucht und so Leben gerettet haben. Stellvertretend für sie alle möchte ich zwei davon herausgreifen.

Als Terroristen am 11. September 2001 den American-Airlines-Flug 11 in den Nordturm des World Trade

Center in New York steuerten, saß Omar Rivera an seinem Schreibtisch. Er war bei der Port Authority of New York and New Jersey angestellt, jener Infrastrukturgesellschaft, der auch das World Trade Center gehörte. Sein Büro befand sich im einundsiebzigsten Stockwerk. Nachdem die Boeing 767 den Turm zwischen dem dreiundneunzigsten und dem neunundneunzigsten Stock getroffen hatte, hörte er einen ohrenbetäubenden, dröhnenden Lärm. Das Gebäude schwankte, sein Computer krachte zu Boden, und er roch Rauch. Da begriff er, dass etwas Furchtbares passiert sein musste.

Der 43-jährige Rivera war vierzehn Jahre zuvor erblindet. Mit Hilfe seines Blindenführhundes Salty war es ihm jedoch möglich, mit der U-Bahn durch Manhattan zu fahren und weiter als leitender System Designer zu arbeiten.

Rivera und sein gelber Labrador Salty hatten sich kennengelernt, nachdem der Hund 1998 von der Wohltätigkeitsorganisation Guiding Eyes for the Blind zum Blindenführhund ausgebildet worden war. Sie passten perfekt zusammen. »Vertrauen ist das Wichtigste in einer Beziehung«, erklärte Rivera. Und dass sie sich gegenseitig vollkommen vertrauten, rettete ihm an diesem Tag das Leben.

Salty wurde bereits beim ersten Einschlag unruhig und gab Rivera zu verstehen, dass sie sofort wegmussten. Er führte seinen Besitzer zum überfüllten zentralen Treppenhaus. Es herrschte Chaos. Überall waren Trümmer und die Menschen waren in Panik, alle wollten das Gebäude so schnell wie möglich verlassen. Für einen

Mann mit einem Hund war kein Platz. In einer Dokumentation des *National Geographic* erklärte Rivera: »Es war wahrscheinlich zu viel für ihn, deshalb sagte ich: ›Vielleicht ist es besser, wenn du gehst.‹« Rivera ließ das Geschirr fallen, damit der Hund gehen konnte und eine Chance hatte, lebend aus dem Gebäude zu kommen. Er beschreibt, wie Salty dann offenbar entschied: »›Nein, ich kann nicht ohne ihn gehen‹, also kam er zurück. Er gab mir zu verstehen: ›Ich bleibe bei dir, egal, was passiert. Ich bleibe bei dir.‹«

Es dauerte über eine Stunde, bis Salty Rivera hinunter in die Lobby geführt hatte. Sobald sie durch die Türen waren, rannten sie um ihr Leben und schafften es gerade noch rechtzeitig. Sie waren keine drei Straßen entfernt, als sie hörten, wie der Turm einstürzte. Salty hatte Rivera vor dem sicheren Tod bewahrt.

In derselben Lage befand sich Michael Hingson, der im achtundsiebzigsten Stockwerk im Vertrieb einer Computerfirma arbeitete. Er war von Geburt an blind und verließ sich vollkommen darauf, dass sein Blindenführhund ihn jeden Tag ins Büro brachte.

Seine gelbe Labradorhündin Roselle, die Hingson ebenfalls durch Guide Dogs for the Blind vermittelt worden war, lag schlafend unter dem Schreibtisch, als das Flugzeug achtzehn Stockwerke über ihnen in den Turm einschlug. Trotz des Lärms und Chaos um sie herum führte sie Hingson und seine Kollegen zum Treppenhaus B und half ihnen, im Dunkeln die knapp tausendfünfhundert Stufen zu bewältigen.

Auch sie brauchten über eine Stunde. Als sie das Gebäude verließen, stürzte der Südturm ein und Trümmer regneten auf sie nieder. Roselle führte ihren Herrn durch panische Menschenmengen unbeirrt weiter in eine U-Bahn-Station. Sie wurde spielend mit der Situation fertig. »Sie rettete mir das Leben. Während um uns herum Trümmerteile fielen und uns sogar trafen, blieb Roselle ruhig. Während alle in Panik gerieten, konzentrierte sie sich völlig auf ihre Aufgabe.«

2002 wurden Salty und Roselle mit der Dickin Medal ausgezeichnet, es war erst das zweite Mal, dass die Medaille zwei Tieren gleichzeitig verliehen wurde (das erste Mal ging die Auszeichnung 1946 an die Boxer Punch und Judy, die zwei britische Soldaten in Jerusalem vor einem bewaffneten Eindringling beschützt hatten).

Die Begründung für Salty und Roselle lautete: »Weil sie nach dem Terroranschlag am 11. September 2001 an der Seite ihrer blinden Besitzer blieben und sie mutig siebzig Stockwerke des World Trade Centers hinunter an einen sicheren Ort führten.« Beide erhielten außerdem die Auszeichnung »Partners in Courage« von Guiding Eyes for the Blind sowie eine Auszeichnung der Guide Dogs for the Blind Association.

Roselle rettete Hingson nicht nur das Leben, sondern veränderte es auch. Er schrieb ein Buch über seine Erfahrungen am 11. September: *Thunder Dog: The True Story of a Blind Man, His Guide Dog, and the Triumph of Trust at Ground Zero* und wurde Leiter des Bereichs Öffentlichkeitsarbeit bei Guide Dogs for the Blind, der Organisation, die die beiden zusammengebracht hatte.

SECRETARIAT,
Sprinter mit großem Herz

Er war bekannt als »Big Red« und stärkte die Seele der Nation in einer der schwierigsten Zeiten ihrer Geschichte: Secretariat gilt als Amerikas größtes Rennpferd aller Zeiten. Was war es, das alle, die ihm beim Rennen zusahen, ungläubig staunen ließ?

Secretariat wurde 1970 auf der Meadow Farm in Doswell, Virginia geboren. Der Ursprung seines Spitznamens war offensichtlich: Er war ein Rotfuchs (mit drei weißen Stiefeln und einem Stern) und hatte bei einem Stockmaß von 1,68 Meter einen so großen Umfang, dass er einen extra angefertigten Sattelgurt brauchte, der um die enormen 1,93 Meter herumreichte. Seine Galoppade war mit 7,60 Metern ebenfalls riesig.

Seine ersten Beurteilungen fielen gemischt aus. Der Bereiter Charlie Davis nannte ihn einen »großen, dicken Trottel«, während Jockey Jim Gaffney über seinen ersten Ritt 1972 sagte: Ich »hatte diese große rote Maschine unter mir, und von diesem ersten Tag an wusste ich, er hat eine Energie und Kraft, wie ich sie noch nie gespürt hatte«.

In seinem ersten Rennen wurde er Vierter, aber dann gewann er sieben der nächsten acht Rennen. Im August 1972 lief er bei den Sanford Stakes, einem Sprintrennen über eintausendzweihundert Meter, das jedes Jahr in Saragota, New York stattfindet. Secretariat wurde nach Linda's Chief, dem klaren Favoriten, als Zweitbester gehandelt, durch die Pferde vor ihm aber angetrieben »wie ein Habicht, der einen Hühnerhof auseinanderjagt«, wie Sportjournalist Charles Hatton im *American Racing Manual* schreibt. Hatton hatte schon zuvor aus seiner Begeisterung für Secretariat keinen Hehl gemacht, als er anlässlich eines früheren Rennens über ihn schrieb: »Noch nie zuvor habe ich eine solche Perfektion gesehen. Ich konnte an ihm absolut keinen Fehler finden. Auch die anderen konnten es nicht und das war das Erstaunliche daran. Der Körper und der Kopf und der Blick und die ganze Einstellung. Es war einfach unglaublich. Ich traute meinen Augen nicht, ehrlich.«

Die Superlative prasselten bei jedem Rennen, an dem Big Red in dieser Saison teilnahm, in der er auch den Eclipse Award als Pferd des Jahres gewann. Es war das erste Mal, dass ein Zweijähriger bei der Auszeichnung den älteren vorgezogen wurde. Um seiner Besitzerin Penny Chenery aus einer finanziellen Klemme zu helfen, wurde er für die Rekordsumme von 6,08 Millionen Dollar an ein Konsortium verkauft. Und es sah ganz so aus, als ob diejenigen, die einen der zweiunddreißig Zuchtanteile gekauft hatten, gut investiert hatten, denn als Dreijähriger war Secretariat nicht mehr zu stoppen.

1973 gewann er als erstes Pferd alle drei klassischen Rennen für Dreijährige der »US Triple Crown«: das Kentucky Derby, das Preakness Stakes und das Belmont Stakes. Fünfundzwanzig Jahre lang hielt er allein diesen

Rekord und stellte zudem in allen drei Rennen Strecken-rekorde auf. Seine Siegerzeit beim Kentucky Derby ist bis heute ungebrochen. Hier war er zudem das erste Pferd, das vor knapp einhundertfünfunddreißigtausend Zuschauern in Churchill Downs – dem größten Rennpublikum in der amerikanischen Geschichte – mit einer Zeit unter zwei Minuten gewann.

Vor dem Belmont Stakes, New York, machten die *Sports Illustrated*, *Time* und *Newsweek* mit Fotos von Secretariat auf ihren Titelseiten auf. Er war so gefragt, dass die Agentur William Morris beauftragt wurde, sich um die Public Relations zu kümmern. Nur vier andere Pferde traten gegen ihn an, und weil er sicher war, dass Secretariat sicher siegen würde, kündigte sein Jockey Ron Turcotte an, seine Karriere sofort zu beenden, sollte er geschlagen werden. »Ihn zu reiten war wie einen Kampfjet zu fliegen im Vergleich zu einem normalen Flugzeug«, sagte er.

Das Belmont wurde 1973 von über fünf Millionen Menschen im Fernsehen verfolgt. Keiner konnte glauben, was er sah. Secretariat und Sham, der beim Kentucky Derby Zweiter gewesen war, starteten mit halsbrecherischer Geschwindigkeit. Die ersten 1,2 Kilometer liefen sie schneller als die meisten Sprinter es könnten, hatten aber noch 1,2 Kilometer vor sich. Sham konnte das Tempo nicht halten, doch Secretariat legte sogar noch an Tempo zu. Da Ron Turcotte wusste, dass Big Red nach dem Belmont eine Pause haben sollte, löste er die Handbremse und ließ ihn so schnell laufen, wie er wollte. Die riesige Zuschauermenge klatschte vor dem

Einbiegen in die Zielgerade, während seine Führung immer größer wurde. Secretariat gewann mit einunddreißig Längen in Weltrekordzeit: eineinhalb Meilen (2,4 Kilometer) in zwei Minuten und vierundzwanzig Sekunden. Experten schüttelten ungläubig die Köpfe.

William Nack von *Sports Illustrated* schrieb: »Secretariat hob Pferderennen plötzlich in eine andere Dimension und machte sie zu einem kulturellen Phänomen, einer Art Erholung von den Belastungen durch Watergate und den Vietnamkrieg.«

Secretariat wurde über Nacht für seine große Galoppade berühmt und lernte sogar, vor den vielen Kameras zu posieren, die nun auf ihn gerichtet waren. Er war intelligent und freundlich, sanft und geduldig. Alles in allem verdiente er die Fanpost, die bergeweise bei seinem persönlichen Sekretär einging (ja, wirklich). »Die Öffentlichkeit konnte einfach nicht genug von ihm kriegen. Er bescherte dem Pferderennen wieder eine goldene Ära«, sagte Turcotte. (Selbst fünfzig Jahre nach seiner Glanzzeit bekam er noch Fanpost.)

Das öffentliche Lob riss nicht ab, zum zweiten Mal wurde Secretariat zum Pferd des Jahres gekürt. Aber Amerikas Idol stand am Ende seiner außergewöhnlichen Karriere. Die Geldgeber hatten zur Bedingung gemacht, dass das Pferd am Ende seines dritten aktiven Jahres als Deckhengst eingesetzt wurde. Nur so konnten die Investoren das große Geld mit ihm machen. Zu ihrem Entsetzen gab es anfangs Berichte, dass er Probleme mit der Fruchtbarkeit haben könnte, denn er zeugte in der ersten Saison auf der Deckstation nur eine relativ kleine Anzahl von achtundzwanzig Fohlen. Letztendlich zeugte Big Red jedoch noch sechshundertdreiundsechzig weitere Fohlen, viele davon wurden erfolgreiche Rennpferde: dreihunderteinundvierzig Sieger und vierundfünfzig »stake winner«.

Als Secretariat 1989 starb, wurde sein Tod von Millionen betrauert. Die Autopsie enthüllte das Geheimnis seines Erfolgs: Sein ungewöhnlich großes Herz wog 9,6 Kilo. Dr. Thomas Swerczek sagte: »Ich habe Tausende von Autopsien an Pferden durchgeführt, aber noch nie etwas Vergleichbares gesehen. Das Herz eines durchschnittlichen Pferdes wiegt ungefähr vier Kilo. Dieses war ungefähr doppelt so schwer und ein Drittel größer als ein ›normales‹ Pferdeherz. Aber es war nicht pathologisch vergrößert. Alle Kammern und Klappen waren normal, es war nur größer. Ich glaube, das erklärt, warum er in der Lage war, so Unglaubliches zu leisten.«

RIP,
unterwegs zwischen Trümmern

Im Zweiten Weltkrieg wurden durch den Heldenmut von Hunden viele Menschen gerettet. Nicht nur Soldaten an der Front oder auf dem Schlachtfeld, sondern auch Zivilisten in den Städten Europas.

Der allererste Such- und Rettungshund im Zivilschutz war Rip. Anders als alle, die ihm folgten, war er nicht eigens ausgebildet, sondern half durch Zufall, aber seine herausragende Arbeit bereitete den Weg dafür, dass Hunde nach Bombenangriffen bei der Suche nach Überlebenden eingesetzt wurden.

Nach einem schweren Angriff auf London 1940 lief ein Drahthaarterrier durch die Straßen und bahnte sich einen Weg durch die Trümmer. Luftschutzwart King warf ihm ein paar Brocken von seinem Lunch hin. Der Hund hatte etwas Gewinnendes an sich, und so nahm Mr King ihn mit zu seinem Stützpunkt, der Luftschutzwache in der Southill Street. Rip wurde ihr Maskottchen. Wenn King und seine Kollegen nach einem Angriff ausrückten, verhielt sich Rip wie ein inoffizieller Suchhund und übernahm seine Aufgaben instinktiv. Vielleicht hielt er es für ein Spiel, wenn er Menschen in den Ruinen herumklettern und nach Überlebenden suchen sah. Er machte jedenfalls mit und war besser darin als jeder andere. »Wir mussten ihn nicht eigens abrichten. Wir konnten ihn gar nicht davon abhalten«, sagte King.

Für Hunde gibt es keinen »einfachen« Geruch. Für sie eröffnet sich mit der Nase eine ganze Welt, die uns verschlossen ist. Eine menschliche Nase verfügt über ungefähr sechs Millionen Geruchszellen, während die kalte, nasse Nase eines Hundes ungefähr 300 Millionen hat.

Nach einer besonders schweren Bombennacht im East End durchsuchte Mr King die Überreste einer ehemaligen Wohnstraße, von der nichts als rauchender Schutt übrig war. Rip stand einen Moment still, seine

Nase zuckte, bevor er über zerstörtes Mauerwerk zu einem Haufen schwelender Ziegelsteine kletterte. Er begann wie verrückt über den Trümmern zu scharren und bellte dabei immer wieder laut, um die Aufmerksamkeit der Männer zu erregen, bis sie herüberkamen, um nachzusehen. Sie gruben tief in die Überreste eines zerstörten Gebäudes, immer noch bellte Rip aufgeregt, als sie ein bewusstloses Kind entdeckten und in Sicherheit brachten.

Das war nur eines von hundert Menschenleben, die Rip während der zwölf Monate andauernden Luftwaffenangriffe zwischen 1940 und 1941 rettete. Dabei setzte er sich enormen Risiken aus. Oft brannte es in den Gebäuden und manchmal explodierten Bomben. Die Wände waren instabil und überall lag zerbrochenes Glas, aber wenn Rip einen Geruch wahrgenommen hatte, verließ er einen Ort nicht, bis er ihn zurückverfolgt hatte. Rip wurde für seinen Einsatz mit der Dickin Medal ausgezeichnet, »für das Auffinden vieler Opfer während der deutschen Luftangriffe 1940«. Er trug die Medaille für den Rest seines Lebens stolz am Halsband. 2009 wurde sie auf einer Auktion für den Rekordpreis von 24.250 Pfund verkauft.

SEFTON,
ein Kämpfer und Hoffnungsträger

Am 20. Juli 1982 um 10.43 Uhr begaben sich sechzehn Mitglieder des Gardekavallerieregiments Blues and Royals auf dem South Carriage Drive am Hyde Park Richtung Buckingham Palace zum Wachwechsel, als in einem Auto in der Nähe eine Bombe explodierte und vier Männer und sieben Pferde tötete. Weniger als zwei Stunden später explodierte eine zweite Bombe im Regents Park und tötete sieben Mitglieder der Militär-Musikkapelle der Royal Green Jackets, die vor hundertzwanzig Zuhörern Musik aus dem Musical *Oliver* spielte.

Keiner, der an jenem schrecklichen Tag die Nachrichten verfolgte, kann wohl die Bilder der Verwüstung vergessen, nachdem die Bomben detoniert waren. Der Anschlag der irischen Untergrundorganisation IRA hatte viele Leben gekostet, und auch von den Regimentspferden war keines unverletzt davongekommen. Am schwersten hatte es Sefton getroffen.

Sefton stammte aus dem County Waterford in Irland, kam 1967 zur British Army und war zunächst als Schulpferd im Einsatz, bevor er 1975 zum Regiment der Household Cavalry in London wechselte, das in den Wellington Barracks am Birdcage Walk untergebracht ist. Er war halb Irish Draught, halb Vollblut und hatte den Ruf, einen eigenwilligen Charakter zu haben. Er blieb zum Beispiel plötzlich stehen und weigerte sich, sich von der Stelle zu bewegen (besonders, wenn er vom Stall weggehen sollte), zappelte herum und scherte aus. Weil er die Angewohnheit hatte, Soldaten und Pferde, die er nicht mochte, zu beißen, wurde er Sharky (*shark*, englisch: Hai) genannt. Wegen seiner weißen Blesse am Kopf und vier weißen Stiefeln hob er sich auch äußerlich von den anderen Pferden des Regiments ab.

1969 kam er mit den Blues and Royals nach Deutschland, die weniger formalen Aufgaben lagen ihm zweifellos mehr. Auf Grund seiner Schnelligkeit und seines Muts war er bei der Weser Vale Hunt, einer Schleppjagd, äußerst beliebt. Außerdem gewann er ein Jagdrennen und zeichnete sich als Mitglied der Mannschaft der Britischen Rheinarmee im Springen aus.

Weil es in den Knightsbridge Barracks nach einem Ausbruch der Druse (einer äußerst ansteckenden Atemwegserkrankung) einen Mangel an großen schwarzen Pferden für zeremonielle Aufgaben gab, kehrte Sefton jedoch für die Notfallversorgung nach London zurück. Dort übernahm er als Teil der Household Cavalry die nächsten vier Jahre Wachdienste und zeremonielle Aufgaben wie die jährliche Militärparade Trooping the Colour. Daneben nahm er an diversen Springen teil, bis er 1980 seinen achtzehnten Geburtstag feierte und es an der Zeit war, ein bisschen zurückzutreten und sich auf seine Hauptaufgabe zu konzentrieren.

Zwei Jahre später hätte ihn die Nagelbombe beinahe getötet. Von den fünfzehn Pferden, die die Bomben erwischten, starben sieben, acht überlebten, darunter Sefton, der besonders schwer getroffen worden war. Das Pferd blieb irgendwie stehen, sein Reiter erkannte erst, als er abgestiegen war, das ganze Ausmaß seiner Verletzungen. Sein rechtes Auge war schlimm verwundet, ein fünfzehn Zentimeter langer Nagel hatte sich durch sein Zaumzeug gebohrt; insgesamt hatte das Pferd vierunddreißig Wunden am Körper, achtundzwanzig Schrapnells steckten tief im Fleisch. Das Schlimmste war jedoch, dass seine Halsvene verletzt war; Sefton drohte zu verbluten.

Alarmiert durch den Lärm der Explosion kamen alle, die in der Kaserne waren, um zu helfen. Regimentskommandeur Oberstleutnant Andrew Parker-Bowles übernahm das Kommando und befahl einem Soldaten, sein Hemd auszuziehen und auf die Halswunde zu pressen, um den Blutfluss zu stoppen. Major Noel Carding, der Tierarzt der Household Cavalry, wusste, dass Sefton nur gerettet werden konnte, wenn man ihn so schnell wie möglich operierte.

Sie schafften ihn in den erstbesten Pferdetransporter und brachten ihn zurück zur Kaserne, wo er über acht Stunden notoperiert wurde. Seftons Verletzungen, die ersten Kriegswunden eines britischen Kavalleriepferdes nach mehr als einem halben Jahrhundert, waren schwer. Die Schrapnells waren an einigen Stellen bis in den Knochen gedrungen. Er verlor ungeheuer viel Blut und stand unter einem lebensbedrohlichen Schock. Die Tierärzte gaben ihm eine Überlebenschance von fünfzig Prozent.

Jetzt kam Seftons Charakter zum Tragen. Er war ein Kämpfer und erholte sich allmählich. Seine Fortschritte wurden von Pferdeliebhabern auf der ganzen Welt verfolgt. Hunderte von Karten mit Genesungswünschen gingen beim Krankenhaus ein, ebenso wie Geldgeschenke. Mit den Spenden von über sechshundertzwanzigtausend Pfund wurde ein neuer Flügel am Royal Veterinary College gebaut – der Sefton Surgical Wing.

Seine erstaunliche Genesung machte Sefton zum Hoffnungsträger, zumal er nur Monate nach dem Bombenanschlag in den aktiven Dienst zurückkehrte. Während andere Pferde, die von den Bomben getroffen worden waren, nervös blieben und beim leisesten Geräusch zur Seite sprangen, zeigte er keine Panik, selbst wenn er die Stelle passierte, an der er beinahe sein Leben verloren hätte. Sefton wurde zum Symbol für Zähigkeit und Mut, viele Menschen fühlten sich von ihm inspiriert.

Als er zum Pferd des Jahres gewählt wurde, erhielt er Standing Ovations. Im August 1984 verließ Sefton die Household Cavalry und verbrachte sein Rentnerdasein auf dem Home of Rest for Horses, wo er im Alter von dreißig Jahren starb.

SERGEANT BILL,
zur Stelle, wo er gebraucht wird

Es heißt, die Tradition, Ziegen als Regimentsmaskottchen zu verwenden, gehe auf die Schlacht von Bunker Hill in der Nähe von Boston im amerikanischen Unabhängigkeitskrieg (1861-65) zurück, wo eine Wildziege auftauchte und die britischen Royal Welch Fusiliers vom Schlachtfeld führte. Doch die Tradition hatte schon damals lange Bestand, wie ein Dokument aus dem Jahr 1771 belegt: »Das Royal Regiment of Welch Fusiliers hat das Privileg und die Ehre, sich angeführt von einer Ziege mit vergoldeten Hörnern zu präsentieren ... das Corps ist stolz auf diese sehr alte Sitte.« 1884 erhielt sie jedenfalls das royale Einverständnis, als Queen Victoria das Regiment mit einer Kaschmirziege aus ihrer königlichen Herde beschenkte. Seitdem schickte die Monarchin immer Ziegen, um die Fusiliers anzuführen.

Alle Ziegen der Royal Welsh[1] haben einen Rang, auch wenn ihre Taten nicht immer glorreich sind. Obergefreiter William »Billy« Windsor I., der zwischen 2001 und 2009 im 1. Bataillon diente, wurde 2006 wegen Fehlver-

---

[1] Das Regiment änderte seinen Namen am 1. März 2006 in die kürzere Form, als es mit dem anderen Welsh Linieninfanterieregiment zusammengelegt wurde.

haltens für drei Monate zum Infanteristen degradiert. Während eines Einsatzes auf Zypern hatte er an einer Parade zur Feier des achtzigsten Geburtstages der Königin teilgenommen, aber Big Bad Billy hatte einen schlechten Tag, hielt sich nicht an die Ordnung, blieb nicht im Gleichschritt und versetzte dem Trommler einen Kopfstoß. Ihm wurden »mangelnder Anstand«, »Missachtung eines direkten Befehls« und »inakzeptables Verhalten« vorgeworfen. Drei Monate später wurde er dank besseren Verhaltens auf dem Exerzierplatz wieder zum Obergefreiten befördert und erhielt das Recht zurück, die Unteroffiziersmesse zu benutzen.

2018 entwischte das neueste Maskottchen des 3. Bataillons, Shenkin IV., seinem Regiment und verbrachte vier Wochen im dichten Gebüsch des Great Orme, einer Kalksteinlandspitze in der Nähe von Llandudno in Wales. Er wurde schließlich von Parkwächtern und einem Tierarzt der RSPCA (Royal Society for the Prevention of Cruelty to Animals) gefunden und kam für ein sechsmonatiges Training in die Maindy Barracks in Cardiff.

Die Welsh sind nicht die Einzigen, die eine Regimentsziege verehren. Zu Beginn des Ersten Weltkriegs war das neu gegründete 5. Bataillon der Canadian Mounted Rifles, eine Infanterieeinheit der Canadian Expeditionary Force, die als »The Fighting Fifth« bekannt wurde, auf dem Weg ins Ausbildungslager in Valcartier nördlich von Québec (Stadt).

Sie reisten mit dem Zug, und als sie durch den kleinen Ort Broadview kamen, entdeckten sie ein Mädchen namens Daisy, das eine grasende Ziege hütete. Die Soldaten fragten, ob sie die Ziege als Glücksbringer mitnehmen dürften, Daisy willigte ein, die Ziege stieg in den Zug und wurde »Sergeant Bill«.

Maskottchen dienten der Dekoration und wurden vom Fronteinsatz ferngehalten, doch als die kanadischen Truppen in Quebec nach England eingeschifft wurden, um den Winter mit weiteren Übungen in Salisbury Plain zu verbringen, weigerten sie sich, ihre Ziege zurückzulassen, und so war Bill auf dem Weg nach Großbritannien. Als sie später an die Front verlegt wurden, trug sich, wie Sergeant Herold Baldwin in *Holding the Line* (1919) berichtet, Folgendes zu:

»Wir konnten uns von Billy nicht trennen; die Jungs argumentierten, wir könnten leicht einen anderen Oberst finden, aber die Rocky Mountains waren zu weit weg, um eine andere Ziege zu bekommen. Das Problem konnte durch den Kauf einer großen Kiste Orangen gelöst werden, von einer Frau, die mit den Jungs regen Handel trieb. Die Orangen gingen weg wie warme Semmeln und im Nu wurde die Orangenkiste in eine Transportkiste verwandelt, Billy hineinmanövriert und in den Zug geschmuggelt.«

Während sie in Frankreich stationiert waren, wurde Billy zweimal unter Arrest gestellt, einmal, weil er wichtige Dokumente gefressen hatte (darunter die Personalakten des Bataillons), und ein zweites Mal, weil er auf einen Offizier losgegangen war. An diesem Punkt wurden Fragen laut, ob die Ziege vielleicht ein Verräter oder ein feindlicher Spion war.

Bill wusch sich aber bald von jeglichem Verdacht frei und wurde so etwas wie ein Held. Im Februar 1915 schubste er nämlich in Neuve Chapelle drei seiner Kameraden mit einem Kopfstoß in einen Graben, Sekunden bevor eine Granate an der Stelle explodierte, wo sie gestanden hatten. Alle verdankten der Ziege ihr Leben, daher wurde sie wegen ihrer Tapferkeit und schnellen Reaktion zum Sergeanten befördert. In Ypern, wo sie eine Reihe von Verletzungen durch Schrapnells erlitt, fand man sie in einem Granatkrater, entschlossen über einem preußischen Gardisten stehend, den die Kanadier dann gefangen nehmen konnten.

In der Zweiten Ypernschlacht verschwand Bill, nachdem er feindlichem Giftgas ausgesetzt gewesen war. Man befürchtete, dass er in die Hände der Bengal Lancer gefallen war, die Ziegencurry zu essen pflegten. Doch zum Glück kehrte er später heil zurück.

Im Verlauf des Krieges erlitt er 1915 Fußbrand, 1917 in der Schlacht von Vimy Ridge »Shell Shock« (»Granatenschock«, »Kriegszittern«) und eine Reihe von Verletzungen durch Schrapnells. Jede davon hätte eine andere Ziege vielleicht getötet, aber Bill überlebte sie alle und ließ sich nicht davon abhalten, seinem Land zu dienen.

Am Ende des Krieges war er das einzige ursprüngliche Maskottchen, das dabei war, als die belgische Stadt Mons am Tag des Waffenstillstands eingenommen wurde, und einer der wenigen verbliebenen Soldaten des 5. Bataillons im Einsatz. Er machte sich mit den anderen auf den Weg nach Paris, wo er stolz an der Siegesparade teilnahm, in Galauniform mit Sergeant-Streifen und Verwundetenabzeichen »für erlittene Verletzungen und geleisteten Dienst«. Für seine Einsätze wurde er mit dem Mons Star (1914 Star), der für den Dienst in Frankreich oder Belgien verliehen wurde, und der Siegesmedaille (Victory Medal) ausgezeichnet, kehrte als Held nach Kanada zurück und führte die Parade für sein Regiment an. Nach seiner Entlassung gab man Bill wieder in die Hände seiner ursprünglichen Besitzerin Daisy.

Die geheimen Vorräte von
SEVASTOPOL TOM

Im Jahr 1855, gegen Ende des Krimkriegs, gelang es britischen und französischen Truppen nach fast einjähriger Belagerung Sevastopol, den Heimathafen der russischen Schwarzmeerflotte, einzunehmen. Sie hatten schwere Verluste erlitten, die Überlebenden waren hungrig und erschöpft, ihre Vorräte seit Langem aufgebraucht. Die britischen Soldaten durchsuchten die Stadt nach irgendetwas Essbarem, das die Russen zurückgelassen haben könnten, fanden aber nichts. Sie waren in einer verzweifelten Lage.

Da entdeckten sie auf einem großen Haufen Müll zwischen zwei ihrer verwundeten Kameraden eine kleine, verspielte getigerte Katze. Sie nannten sie Tom und fragten sich, wie sie so gesund und wohlgenährt aussehen konnte, während alle um sie herum nichts zu essen hatten. Die Soldaten beschlossen, der Katze auf einem ihrer Ausflüge durch die Ruinen der Stadt zu folgen. Als sie unter einem Schuttberg verschwand und nicht wiederkehrte, gruben sie in den Trümmern, um nach ihr zu suchen – und stießen dabei auf einen Vorratsraum voller Lebensmittel, die die Russen zu Beginn der Belagerung versteckt hatten.

So rettete das Tier die Truppen vor dem Verhungern. Sie gaben ihm den Namen Sewastopol (oder Krim) Tom, und als sie sich auf den Weg zurück nach Europa machten, nahm der Soldat William Gair die Katze mit.

SHERLOCK,
Brandermittler bei der Feuerbrigade

Man kann den Mut und die Tapferkeit der Männer und Frauen, die bei der London Fire Brigade (LFB) arbeiten, gar nicht hoch genug schätzen. Ähnlich wie sie beweisen seit dem Jahr 2000 auch vierbeinige Mitglieder der Feuerwehr immer wieder großen Mut und Hingabe. Von den drei Hunden, die gegenwärtig dort ihren Dienst tun, ist ein Spaniel mit dem treffenden Namen Sherlock am längsten dabei. Er hat sich bei vielen Gelegenheiten als Held ausgezeichnet.

Die ersten Feuerwehrhunde kamen in den 1980er Jahren in den USA zum Einsatz. Nachdem er sich von ihrem Nutzen überzeugt hatte, prüfte der britische Brandermittler Clive Gregory, wie sie im eigenen Land sinnvoll Verwendung finden könnten. Der erste Feuerwehrhund Großbritanniens, ein schwarzer Labrador namens Star, nahm 1996 beim West Midlands Fire Service seinen Dienst auf. Vier Jahre später beschäftigte die London Fire Brigade ihren ersten Hund: Odin, ebenfalls ein schwarzer Labrador, war von Clive ausgebildet worden. Mittlerweile sind in Großbritannien zwanzig Feuerwehrhunde im Einsatz.

Sherlock (offizielle Bezeichnung: Brandmittelspürhund) und seine Hundekollegen Simba und Watson sind darauf trainiert, »Zielsubstanzen« zu erkennen: zehn verschiedene entzündbare Flüssigkeiten, darunter Azeton und Benzin, die von Brandstiftern benutzt werden, um Feuer zu legen. Ihr Geruchssinn ist so stark ausgebildet, dass sie die Substanzen selbst dann erkennen, wenn sie verdunstet, bei extremer Hitze (bis zu tausend Grad) verbrannt oder mit anderen Flüssigkeiten vermischt sind. Sie können sie sogar dann noch identifizieren, wenn der Brand mehr als ein Jahr zurückliegt.

Sherlock zeigt mit seiner Nase genau an, welche Stellen für die Ermittlungen interessant sein könnten. Anschließend nehmen seine menschlichen Kollegen dort Proben zur Analyse, um festzustellen, ob ein Feuer absichtlich gelegt wurde. Sherlocks feiner Geruchssinn übertrifft jede Technik, da er deutlich geringere Stoffmengen wahrnehmen kann als ein Gerät. Und er ist schneller: Zum Beispiel würde es acht bis zehn Stunden dauern, einen Raum von drei mal fünf Metern mit einem technischen Gerät zu durchsuchen. Sherlock erledigt das in ungefähr zwei Minuten. Durch seine Fähigkeiten wird der Ermittlungsprozess erheblich beschleunigt, sowohl Feuerwehr als auch Polizei sparen dabei Zeit und Geld.

Sherlocks Hundeführer ist Wachleiter Paul Osborne. Das Training und der Job insgesamt sind für ihn genauso hart wie für den Cockerspaniel. Brandmittelspürhunde wie Sherlock werden, wenn sie jung sind, »auf Grund von Eifer und Spieltrieb« ausgewählt. Ausdauernde Hunde mit langen Nasen wie Spaniel und Labradore eignen sich meist am besten. Die Hunde lernen durch Belohnung; für Sherlock ist die größte Belohnung ein Tennisball. Paul erklärt: »Wir geben ein bisschen entzündbare Flüssigkeit auf ein Stück Pappe, legen einen Tennisball obendrauf und verstecken beides. Wenn die Hunde in den Raum gehen, suchen sie nach dem Tennisball, aber gleichzeitig nehmen sie den Geruch in Zusammenhang mit dem Ball wahr.« Über einen gewissen Zeitraum werden verschiedene Szenarien durchgespielt, und wenn der Hund genau weiß, was von ihm erwartet wird, lässt man den Ball weg. Ab da wird er jedes Mal, wenn er eine entzündbare Flüssigkeit erkennt, mit einem Ball belohnt.

Die Arbeit kann gefährlich sein. Obwohl die Hunde nie an eine Brandstätte geschickt werden, bevor das Feuer gelöscht worden und erkaltet ist, gibt es Gefahren, vor denen man sie schützen muss. Bevor der Hund eingesetzt wird, nimmt der Führer deshalb eine Risikoeinschätzung vor und prüft, ob etwas ihm Schaden zufügen könnte. Herabgestürztes Mauerwerk, zerbrochenes Glas und andere scharfe Gegenstände sind nach einem Brand üblich, aber auch Gift oder freiliegende elektrische Leitungen. Sherlock muss häufig spezielle rote Stiefel tragen, um seine Pfoten zu schützen.

Die drei Brandspürhunde der LFB sind jährlich bei hundertachtzig bis zweihundertdreißig Brandstellen, arbeiten nicht nur in und um London, sondern unterstützen Feuerwehren und Rettungsdienste im ganzen Land. Seit Hunde bei der Feuerwehr eingesetzt werden, ist keines der Tiere zu Schaden gekommen – ein Beweis, dass die Hundeführer sich um das Wohlergehen der Vierbeiner kümmern.

Sherlock (auch Mr Bustle Britches, Sherlockster Rockster oder einfach Rockster genannt) lebt bei Paul, dessen Frau und den beiden Kindern. Obwohl er ein viel geliebtes Familienmitglied ist, schläft er draußen in einem Zwinger und darf nur in die Küche. Da Paul und er immer zusammen sind, ist eine klare Abgrenzung zwischen Zuhause und Arbeit wichtig.

Immer wieder hat Sherlock seine Fähigkeiten unter Beweis gestellt. Bei einer Gelegenheit – ein Feuer zerstörte ein Rugby Clubhaus in Surrey bis auf die Grundmauern – brannte das Gebäude noch, als Paul und Sherlock eintrafen. Paul erkannte ein ungewöhnliches »Spurenbild« (das Hinweise liefert, wie ein Feuer entstanden ist und sich ausbreitet). Als die Ruinen erkaltet waren, ließ Paul seinen Hund einen bestimmten Bereich absuchen. Er war riesig, ungefähr zweihundertachtzig

Quadratmeter, aber Paul zweifelte nicht, dass der Hund der Sache auf den Grund gehen und herausfinden würde, was passiert war.

Sherlock suchte zuerst das Außengelände ab. Dann, als die Hitze nachgelassen hatte, hieß es Stiefel an und in die Ruinen. Schnell fand er auf Holzbalken im hinteren Teil des Gebäudes Spuren eines Brandbeschleunigers (später wurde bestätigt, dass es sich um BBQ-Brenngel handelte), und zusammen mit dem Spurenbild konnte der Hergang rekonstruiert werden. Mehr noch, es stellte sich heraus, dass dasselbe Brandgel bei einer Reihe anderer Feuer in Pavillons und Clubhäusern in Surrey verwendet worden war. Mit Hilfe des Hundes konnten all diese Feuer mit einem Verdächtigen in Verbindung gebracht werden. Sherlock war der Held der Stunde.

Paul demonstrierte mir Sherlocks Ermittlerfähigkeiten, indem er ein Glas mit Paraffin (das schon ein Jahr alt war und das meiste seines Geruchs verloren hatte) in einem Busch im Garten platzierte. Sherlock rannte schnell mit wedelndem Schwanz los, untersuchte jeden Baum, jede Blume, jeden Fleck Gras und jedes Gebüsch. In weniger als einer Minute hatte er das Paraffin entdeckt, stand wie angewurzelt da und starrte darauf. Als Belohnung wollte er nur seinen Tennisball. Paul sagte, er sei der fokussierteste und ehrgeizigste Hund, dem er jemals begegnet sei.

Sherlocks Leistungen – er hat eine hundertprozentige Erfolgsrate – haben ihm den Ruf als Londons heldenhaftester Arbeitshund und 2017 den Animal Hero Award eingebracht. Vollkommen klar, wie stolz Paul auf seinen

Vierbeiner ist: »Die London Fire Brigade hat die Aufgabe, London zur sichersten Stadt der Welt zu machen, und Sherlock trägt wahrhaftig jeden Tag dazu bei, an dem er zur Arbeit kommt.«

SHREK,
das wolligste Schaf aller Zeiten

Wir nehmen an, dass Schafe eine Herdenmentalität haben, weil sich eine ganze Herde von einem Hütehund, der halb so groß ist wie sie, herumkommandieren lässt. Die Geschichte von Shrek zeigt jedoch, dass es Schafe mit einem eisernen Willen gibt, mit denen man sich nicht anlegen sollte.

Shrek war ein Merinoschaf, das 1994 auf der Bendigo Farm auf der Südinsel Neuseelands geboren wurde, wo es fast zehnmal so viele Schafe wie Menschen gibt. Merinoschafe sind kleiner als andere und werden nicht zur Fleischproduktion, sondern wegen ihrer feinen, weichen Wolle gezüchtet, die für ihre besondere Qualität bekannt ist.

Merinos, die ursprünglich wahrscheinlich aus Nordafrika stammen, gelangten im zwölften Jahrhundert in den Südwesten Spaniens, wo sie große Bedeutung für die wirtschaftliche Entwicklung des Landes erlangten. Ihr

Beitrag war so wertvoll, dass es bis ins achtzehnte Jahrhundert bei Todesstrafe verboten war, ein Merinoschaf aus Spanien zu exportieren. Als die Exportregeln gelockert wurden, gelangten die Schafe dann in alle Teile der Welt, und durch weitere Kreuzungen entstand das moderne Merinoschaf.

Zurück zu Shrek. Das eintönige Leben auf Bendigo schien dem Schaf nicht zu genügen. Es wollte nicht eines von vielen, sondern sein eigener Herr sein. Wie einem Iron-Maiden-Video entsprungen, unternahm es einen »run to the hills« und steuerte das Hochland von Central Otago an. Die felsigen Berge, abgelegenen Ebenen und tiefen Höhlen boten einem entlaufenen Schaf das perfekte Gelände, um sich zu verstecken und zu ernähren, auch wenn das extreme Klima nicht ganz ideal war. Es ist die kälteste und trockenste Gegend Neuseelands, in den eiskalten Wintern gibt es nur wenig zu grasen. Doch Shrek war offenbar von so eiserner Konstitution und so außergewöhnlicher Stärke, dass es sechs Jahre auf der Flucht überleben konnte.

Als Ranger, die auf der Suche nach anderen abtrünnigen Schafen waren, es schließlich im April 2004 fanden, trauten sie ihren Augen nicht. John Perriam, Shreks Besitzer, sagte, das Tier »sah aus wie eine biblische Gestalt«. Dichte Wolle bedeckte drei Viertel seines Körpers – genug, um daraus zwanzig Herrenanzüge zu machen.

Shrek – nach dem Ungeheuer benannt – wurde live im Fernsehen geschoren. Die Prozedur dauerte fast zehn Mal länger als eine normale Schafschur und ergab einen Pelz mit einem Gewicht von satten siebenundzwanzig Kilo – der durchschnittliche Pelz wiegt viereinhalb Kilo.

Shrek, das flüchtige Schaf, wurde eine nationale Berühmtheit, gefeiert von wichtigen Persönlichkeiten wie etwa Premierministerin Helen Clark. Von den Einnahmen, die sein Besitzer in den nachfolgenden Jahren öffentlichen Auftritten mit Shrek verdankte, spendete er über hundertfünfzigtausend Dollar an die neuseeländische Kinderkrebshilfe.

SIMON,
Matrose zwischen den Fronten des chinesischen Bürgerkriegs

Im Jahr 1949 sendete die königliche britische Marine die Fregatte HMS *Amethyst*, um inmitten des Bürgerkriegs in China für Ordnung zu sorgen. An Bord des Schiffs herrschte eine Rattenplage, die das Leben gefährlich und unangenehm machte. Als der siebzehnjährige Matrose George Hickinbottom bei den Docks von Stonecutters Island in Honkong einen dürren, schwarz-weißen Kater sah, bot er ihm auf der Stelle einen Job an. Er schmuggelte den Streuner in seiner Jacke versteckt an Bord. In der Kabine des Matrosen angekommen, verlor der Kater keine Zeit und machte sich sofort auf die Jagd nach den

Nagetieren. Er fing die Ratten mit einer Geschicklich-keit, die seinesgleichen suchte, und war bald der Liebling der ganzen Crew. Die Männer nannten ihn Simon und brachten ihm Tricks bei, wie Eiswürfel aus einer Kanne Wasser zu fischen.

Auch den Kapitän, Lieutenant Commander Bernard Skinner, gewann Simon für sich, die beiden entwickel-ten eine starke Bindung und drehten oft gemeinsam ihre Runde auf dem Schiff. Der Kater dankte ihm seine Freundlichkeit mit besonderen »Geschenken« (tote oder blutige Ratten, die er ihm vor die Füße legte oder gele-gentlich auch auf sein Bett), und wenn der Kapitän seine Mütze gerade nicht trug, rollte er sich darin ein und schlief friedlich.

Als die Kämpfe zwischen der regierenden national-chinesischen Partei von Chiang Kai-shek (der Kuomin-tang) und den kommunistischen Rebellen von Mao Tse-tungs Volksbefreiungsarmee sich verstärkten, erhielt die *Amethyst* den Befehl, sich von Schanghai nach Nanjing zu begeben.

Maos Armee stand an der Nordseite des Yangtse, die Nationalisten standen an der Südseite. Da zwischen bei-den Parteien bis Mitternacht des 21. April eine Feuer-pause vereinbart war, lief das britische Schiff sofort aus, obwohl die Besatzung nicht mit Problemen rechnete, da sie in dem Konflikt neutral waren. Doch am 20. April, ungefähr sechsunddreißig Stunden vor Ende der Feuer-pause und sechzig Meilen von Nanjing entfernt, eröffne-ten die Kommunisten ohne Vorwarnung das Feuer.

Brücke, Steuerhaus und Maschine der *Amethyst* wurden von Explosionen erschüttert, als das Schiff von über fünfzig Geschossen getroffen wurde, die neunzehn Mitglieder der Crew einschließlich des Kapitäns töteten und siebenundzwanzig verwundeten. Simon war nirgends zu sehen. Als die Angriffe andauerten, sprengte eine Granate ein viereinhalb Meter großes Loch ins Schott. Unter höchster Gefahr zu sinken, bewegte sich das Schiff stromaufwärts bis zu einem kleinen Nebenfluss, wo Verhandlungen über die Freigabe des Schiffes und der Mannschaft aufgenommen wurden.

Simon war für mehrere Tage verschwunden, bis er auf Deck wankte und von Unteroffizier George Griffith auf die Krankenstation gebracht wurde. Er war schwach, dehydriert und hatte Schmerzen, und der Schiffsarzt Michael Fearnley machte sich sofort daran, Schrapnells aus Beinen und Rücken zu entfernen, die Wunden zu nähen und sich um die Verbrennungen in seinem Gesicht zu kümmern. Simons Überlebenschancen waren gering, die Mannschaft befürchtete das Schlimmste.

Doch irgendwie kam er durch (als seine versengten Schnurrhaare nachwuchsen, waren sie allerdings stark gebogen) und nahm bald die Arbeit wieder auf. Erneut bekämpfte er die riesigen, dreisten Ratten, die die Lebensmittelvorräte plünderten und sogar die Mannschaft angriffen. Die Lage hatte sich sogar noch verschlimmert, da die Kessel und Ventilatoren abgestellt worden und die Ratten ins Belüftungssystem eingedrungen waren.

Mit den meisten Nagern machte Simon kurzen Prozess, doch eines der Tiere war unverdrossen: Durch keine Falle ließ sich diese riesige, böse Ratte, die die

Seemänner Mao Tse-tung nannten, überlisten. Simon stellte sie schließlich im Lagerraum, erledigte sie und warf den blutigen Kadaver als Beweis neben die Stiefel der Männer. Die dankbare Crew beförderte ihn zum Vollmatrosen, später wurde er noch mit dem *Amethyst Campaign Ribbon* ausgezeichnet für »hervorragenden, wertvollen Dienst… Im Alleingang und unbewaffnet [hast du] ›Mao Tse-tung‹ gestellt und vernichtet, eine Ratte, die sich der Plünderung der knappen Lebensmittelvorräte schuldig gemacht hat. Außerdem soll bekannt gegeben werden, dass du vom 22. April bis 4. August die HMS *Amethyst* von Seuchen und Schädlingen befreit hast – mit unablässiger Treue.«

Simons Qualitäten als Jäger blieben weiterhin wichtig, doch seine Arbeitsmoral half zusätzlich, die Stimmung der Männer zu heben. Sie waren durch den grundlosen Angriff, den Verlust ihrer Kameraden und die bittere Erfahrung, so viele Freunde und Landsleute auf See bestatten zu müssen, traumatisiert und ihr Leben an Bord der *Amethyst* wurde immer schwieriger. Fast drei Monate verbrachten sie im Ungewissen. Die Kommunisten forderten von ihnen das Eingeständnis, zuerst geschossen zu haben und unrechtmäßig in chinesische Gewässer eingedrungen zu sein. Unterdessen wurden Lebensmittelvorräte und Wasser knapp, die Rationen mussten halbiert werden, und auch Benzin war kaum noch vorhanden. Allmählich wurde die Lage unhaltbar. Der neue Kapitän, Lieutenant Commander John Kerans, kam zu dem Schluss, dass der einzige Ausweg ein Fluchtversuch war.

In der Nacht des 30. Juli sah er die Möglichkeit gekommen. Der Mond schien nicht und ein vorbeifahrendes Handelsschiff sorgte für Ablenkung, sodass die *Amethyst* die einhundertvier Meilen lange Reise zurück auf offene See wagen konnte. Das Glück war ihnen gnädig: Fünf Stunden später begegneten sie der HMS *Concord* auf halbem Weg den Fluss Huangpu hinauf, die sie den restlichen Weg in sichere Gewässer begleitete. Nach einhundert und einem Tag war die harte Prüfung der Crew beendet und der Kapitän konnte die Nachricht senden: »Haben uns südlich von Wusong wieder der Flotte angeschlossen. Keine Schäden oder Opfer. Gott schütze den König.«

Während die *Amethyst* auf dem Weg zurück nach Hongkong war, verbreitete sich die Nachricht von der Odyssee, und die Mitglieder der Besatzung wurden, einschließlich Simon, als Helden begrüßt. Ihre Ankunft in Hongkong war von einem regelrechten Medienrummel begleitet, und dank der ausgedehnten Berichterstattung in Zeitungen und Wochenschauen wurde die Katze über Nacht eine internationale Berühmtheit.

Bevor die PDSA beschloss, Simon die Dickin Medal zu verleihen, kontaktierte sie Kapitän Kerans, der in einem Brief schrieb: »Tagelang tat Simon sich selbst leid und war nicht auffindbar. Seine Schnurrhaare weisen jetzt noch Zeichen der Explosion auf. Ratten, die sich schnell in den beschädigten Teilen des Schiffes ausbreiteten, stellten eine echte Bedrohung für die Gesundheit der Besatzung dar, aber Simon zeigte sich der Situation gewachsen. Während des ganzen Vorfalls war sein Verhalten absolut vorbildlich. Man hätte nicht erwartet, dass eine kleine Katze eine Explosion überlebt, die ein Loch von mehr als dreißig Zentimetern Durchmesser in eine Stahlplatte reißt. Doch nach ein paar Tagen war Simon so freundlich wie immer. Seine Anwesenheit auf dem Schiff war ein entscheidender Faktor, um die Moral der Besatzung aufrechtzuerhalten.«

Die Medaille sollte Simon in Kürze verliehen werden – die einzige, mit der jemals eine Katze ausgezeichnet wurde, ja überhaupt ein Tier, das bei der Royal Navy gedient hatte.

Seine Heldentaten brachten ihm nicht nur Medaillen ein (er erhielt eine weitere von der Tierschutzorganisation Blue Cross), sondern auch die Bewunderung der Öffentlichkeit. Täglich erreichten ihn über zweihundert Fanbriefe sowie Geschenke wie Katzenfutter und Spielzeug, und auf dem Heimweg der *Amethyst* erwartete ihn in jedem Hafen ein Begrüßungskomitee. Bei der Einreise nach Großbritannien kam er wie alle Tiere routinemäßig in Quarantäne, während die Planungen für die Verleihung der Dickin Medal liefen, die von Maria Dickin selbst sowie dem Bürgermeister von London vorgenommen werden sollte.

Leider erlebte Simon diesen Tag nicht mehr. Seine Kriegswunden hatten sein Herz geschwächt und er vermisste vermutlich seine Schiffskameraden, für die er so viel getan hatte. Zwei Wochen vor seinem großen Tag starb er im zarten Alter von zwei Jahren. Der Crew und seinen vielen Fans brach es das Herz.

Simon wurde mit allen militärischen Ehren begraben. Die gesamte verbliebene Crew der *Amethyst* war bei der Trauerfeier anwesend, und auf dem Tierfriedhof der PDSA in Ilford steht sein Grabstein mit der Inschrift:

IN ERINNERUNG AN
»SIMON«
DER VON MAI 1948 BIS NOVEMBER 1949
AUF DER H.M.S. AMETHYST
GEDIENT HAT
AUSGEZEICHNET MIT DER DICKIN MEDAL
IM AUGUST 1949
GESTORBEN AM 28. NOVEMBER 1949
SEIN VERHALTEN WÄHREND DES YANGTSE-VORFALLS
WAR VORBILDLICH.

SMOKY,
der Engel aus dem Erdloch

Die kleine Smoky, gerade mal 1,8 Kilo schwer und siebzehn Zentimeter groß, wurde im Februar 1944 von einem amerikanischen Soldaten im Dschungel Neuguineas gefunden. Niemand weiß, wie der Yorkshire Terrier (eine Rasse, die ein Jahrhundert zuvor gezüchtet worden war, um die Ratten in den Textilfabriken Yorkshires zu fangen) in den Regenwald gekommen war.

Die Einnahme der Insel war wichtig für die Operation der US Navy im Pazifik zur Rückeroberung der Philippinen von den Japanern. Die Truppen mussten schwieriges und gefährliches Gelände überwinden, Mangrovensümpfe, Dschungel und Gebirgszüge. Es gab keine Straßen oder Eisenbahnen, und wenn sie versuchten mit Jeeps durch das Dickicht zu dringen, hatten sie ständig mit technischen Problemen zu kämpfen. Bei einer dieser Pannen wurde Smoky entdeckt. Während die Soldaten mit dem Motor eines stehen gebliebenen Jeeps beschäftigt waren, hörten sie ein aus der Erde kommendes Geräusch und bemerkten einen winzigen Hund, der sich in einem Schützenloch versteckte.

Ein Soldat nahm ihn mit zum Camp, dort schor ein Kamerad ihm das seidige Fell in der Hoffnung, ihm wäre dann weniger heiß. Korporal Bill Wynne aus Cleveland, Ohio, teilte das Zelt der beiden, und er willigte ein, den Hund (der eine Hündin war) zum gepfefferten Preis von zwei australischen Dollar, einem bedeutenden Teil seines Solds, zu kaufen. Er nannte sie Smoky, und es zeigte sich, dass sie jeden Cent wert war, denn der Kauf markierte den Beginn einer langen und glücklichen Freundschaft, die beider Leben veränderte.

Die kleine Hündin verbrachte die nächsten zwei Jahre überwiegend im Rucksack ihres Besitzers, während er durch den Dschungel marschierte und an Kampfeinsätzen im Pazifik teilnahm. Sie schlief in Wynnes Zelt auf einer Decke, und er teilte mit ihr seine C-Ration – die feuchte Dosennahrung, die die Truppen bekamen, wenn frische oder andere verpackte Lebensmittel nicht verfügbar waren – sowie die gelegentliche Dose Frühstücksfleisch. Zusammen begegneten sie der ständigen Gefahr durch Schlangen – die kurzen Prozess mit dem kleinen Hund gemacht hätten – und häufige Luftangriffe, mehr als hundertfünfzig insgesamt (später kam noch ein Taifun vor Okinawa dazu).

Smoky überlebte das alles nicht nur, sondern war dabei sogar in ziemlich guter Verfassung – selbst nachdem sie in einem extra für sie angefertigten Fallschirm zehn Meter von einem Baum herabgeschwebt war. Während viele amerikanische Soldaten im südwestlichen Pazifik unter psychischen Traumata litten, bot sie Wynne die dringend notwendige Ablenkung von Heimweh und Stress. Als er mit Dengue-Fieber ins Krankenhaus kam, bewegte Smoky die Schwestern mit ihrem Charme dazu, sie im Krankenzimmer zu dulden. Da sie merkten, dass sie auch die anderen Patienten aufmuntern konnte, nahmen sie die Hündin tagsüber mit auf ihre Rundgänge, bevor sie sie nachts an Wynnes Bett schlafen ließen. In gewisser Weise war sie der erste Therapiehund für traumatisierte Soldaten.

Abseits der Front brachte Wynne Smoky bei, Jitterbug zu tanzen, zu »singen«, ihren Namen zu buchstabieren, auf einem Drahtseil zu balancieren, Roller zu fahren und sich auf Kommando tot zu stellen.

Auf dem Weg nach Luzon, während der Invasion der Philippinen, standen Wynne und Smoky auf dem Landedeck ihres Transportschiffes und sahen, wie vor ihren Augen ein Kamikazeangriff geflogen wurde. Man hörte das Donnern der Explosionen. Ein Schiff in der

Nähe wurde getroffen und um sie herum dröhnte Luft-
abwehrfeuer. Der verängstigte Hund brachte seinen Besitzer dazu sich zu ducken, als eine Granate über ihre
Köpfe flog und acht Männer, die neben ihnen standen,
verletzte. Smoky und Wynne blieben unverletzt. Von
nun an bezeichnete Wynne Smoky als »Engel aus einem
Schützenloch«.

Wie der Rest ihrer Kameraden bekam die Hündin
acht Service Stars (oder auch Battle Stars), weil sie an
lebensgefährlichen Kampfeinsätzen teilgenommen hatte.
Und dann vollbrachte sie ihr größtes Kunststück. Inzwischen befanden sie sich auf Luzon im Golf von Lingayen
an einem wichtigen Luftwaffenstützpunkt. Die Japaner
hatten die Kommunikationssysteme durch anhaltendes
Bombardement zerstört. Um sie zu reparieren, musste
die Fernmeldetruppe Telegrafendraht durch eine Röhre
von einundzwanzig Metern Länge und nur zwanzig
Zentimetern Durchmesser legen. Da die Basis drei verschiedenen Militärstaffeln diente, war dies eine äußerst
wichtige Aktion, doch würden die Techniker tagelang
graben müssen, um das System zu reparieren. An den
Rohrverbindungen war Erde eingedrungen und an
einigen Stellen betrug der Durchmesser nur zehn Zentimeter. Zum Glück hatten die Soldaten einen winzigen
Terrier bei sich.

Wynne band eine Schnur an den Draht, befestigte sie
an Smokys Halsband, lief ans andere Ende der Röhre
und rief sie. Aus Angst vor der Dunkelheit und Enge
drehte sie nach nur wenigen Schritten um. Wynne er-
munterte sie, es noch einmal zu versuchen, aber als eine

Schnur hängen blieb, sah es aus, als stünden sie vor einer unlösbaren Aufgabe.

»Jetzt stieg der Staub vom Scharren ihrer Pfoten auf, während sie durch Schmutz und Schimmel kroch, und ich konnte sie nicht mehr sehen. Ich rief und flehte, ohne genau zu wissen, ob sie kam oder nicht. Schließlich, ungefähr sechs Meter entfernt, sah ich zwei bernsteinfarbene Augen und hörte ein entferntes Winseln … in viereinhalb Meter Entfernung begann sie zu rennen. Wir waren so glücklich über Smokys Erfolg, dass wir sie ganze fünf Minuten streichelten und lobten.«

Dem winzigen Hund ist es zu verdanken, dass vierzig Flugzeuge und das Leben von zweihundertfünfzig Männern gerettet wurden. Als der Kampf beendet war, schmuggelte man Smoky mit einer angepassten Sauerstoffmaske in die USA. Sie wurde ein Medienstar, besuchte Veteranenkrankenhäuser in ganz Amerika, reiste um die Welt, um ihre Kunststücke vorzuführen, war regelmäßiger Gast in Fernsehsendungen und trat in über fünfundvierzig Liveshows auf.

Als sie 1957 mit vierzehn Jahren starb, wurde sie in Lakewood, Ohio, begraben. Dort steht heute auch ein Denkmal des Hundes mit GI-Helm in Erinnerung an »Smoky, den Yorkie Doodle Dandy und alle Hunde in Kriegen«.

STOFFEL,
der Ausbrecherkönig

Honigdachse sind in Afrika, Asien und dem indischen Subkontinent weit verbreitet. Ihr Unterbauch und die untere Gesichtshälfte sind schwarz, oben sind sie weiß, ein bisschen wie ein Skunk, mit dem sie verwandt sind, ebenso wie Wiesel, Otter, Frettchen und andere Dachse. Was Honigdachse von ihnen unterscheidet, sind ihre dicke Haut, ihre Kraft, ihre Fähigkeit, sich zu verteidigen, und ihre Intelligenz. Sie haben nur wenige natürliche Feinde und sind Meister im Entkommen. Ein Honigdachs kann sich aus jeder Situation befreien.

Die südafrikanische Armee hat ein Fahrzeug, das nach dem Honigdachs benannt ist, und in der Ausgabe des Guinness Buchs der Rekorde aus dem Jahr 2002 wird er als »das furchtloseste Tier der Welt« aufgeführt – eine Beschreibung, wie sie nicht passender für unseren Helden Stoffel sein könnte.

Stoffel wurde von einem Farmer großgezogen, aber nachdem er im Farmhaus Chaos angerichtet hatte, wurde er ins Moholoholo Wildlife Rehabilitation Centre in Südafrika gebracht, unweit des Krüger Nationalparks. Am Anfang durfte er mit zwei anderen erwachsenen (weiblichen) Honigdachsen frei herumlaufen, aber er benahm sich nicht, sondern richtete ein Gemetzel an, tötete Kaninchen, kleine Antilopen und sogar einen Savannenadler. Er war aggressiv gegenüber Menschen und jagte Mitarbeiter der Lodge aus der Küche, um sich selbst bedienen und nehmen zu können, was ihm schmeckte. Und als geübter Handtaschendieb riss er die Handtaschen in der Garderobe auf, um zu sehen, was drin war.

Während die weiblichen Tiere, die sich besser benahmen, in die Wildnis zurückkehren durften, hielt man Stoffel für das Leben draußen schlecht gerüstet, denn abgesehen davon, dass er von Menschen großgezogen worden war, hatte er einen mangelnden Geruchssinn und seine Fähigkeit, Futter zu finden, war begrenzt. Das Problem war, dass er sich auch an das Leben in Gefangenschaft nicht anpasste und ständig aus seinem Gehege ausbrach.

Die Mitarbeiter des Zentrums versuchten alles Erdenkliche, um ihn drinnen zu halten. Niemand rechnete damit, dass Stoffel fähig sein würde, die Schlösser zu öffnen, die das Tor verriegelten. Aber er schaffte es dank einer Freundin, die als seine Komplizin agierte: Sie kletterte auf ihn, um den oberen Riegel zu öffnen, während er den unteren übernahm. Als Nächstes sicherte man das verschlossene Tor mit Draht, aber Stoffel wickelte ihn mühelos auf und öffnete die Riegel. Wieder war er draußen.

Um die anderen Tiere zu schützen, bekam er ein zweitausendfünfhundert Quadratmeter großes Gehege mit Gras und Bäumen. Als er auch von dort ausbrach, um mit den Löwen nebenan zu kämpfen (fünfzehnmal

so groß wie er), landete er für zwei Monate im Krankenhaus. Er hätte tot sein können. Aber er schien nicht aus
seinen Fehlern zu lernen, denn sobald er wieder draußen war, versuchte er von Neuem zu den Löwen zu gelangen, zweifellos, um es ihnen zu zeigen.

Der örtliche Rotary Club finanzierte ein neues Gehege aus Ziegelsteinen. Man war überzeugt, dass die
Mauern zu hoch und glatt für Stoffel waren, um hinauf-
zuklettern – sie würden den Ausreißer doch sicher davon abhalten, sich davonzumachen? Keineswegs. Stoffel
grub unter den Mauern. Als Maßnahmen ergriffen wurden, die das Graben unterbanden, kletterte er auf einen
Baum, erreichte über dessen Äste die Mauer und spa-
zierte hinaus. Als ein Wärter eine Harke in seinem Gehege ließ, zerrte Stoffel sie zur Mauer und kletterte daran
hoch. Er versuchte auch Steine zur Mauer zu rollen, sie
mit seinen starken Hinterbeinen aufzutürmen und dann
hinüberzuspringen oder sich eine Fluchtroute in Form
einer Schlammrampe zu bauen.

Stoffel ist so erfinderisch, dass Brian Jones, der Gründer des Rehabilitation Centre, gewaltigen Respekt vor
ihm hat. Gegenüber der BBC sagte er: »Seine Intelligenz
übersteigt alles … Jedes Mal, wenn ich mir etwas aus-
dachte, war es wie ein Spiel für ihn herauszufinden, wie
er es knacken könnte.« Manche fragten sich, ob Brian
ihn darauf trainiert hätte zu fliehen, worauf Brian mit
Erstaunen und Unverständnis reagiert: »Ihn trainiert? …
Überhaupt nicht. Ich habe nicht mal daran gedacht. Er
hat uns jedes Mal ausgetrickst mit seinen Lösungen.«

Stoffels Ausbrüche, die Brian auf Video aufzeichnete,

verbreiteten sich rasend schnell und sorgten bei You-Tube für Aufsehen. Wenn Sie mir nicht glauben, rufen Sie wie rund dreißig Millionen Menschen vor Ihnen die Clips auf, um das Talent des Harry Houdini unter den Dachsen zu bestaunen.

Der Honigdachs mit dem schlechten Benehmen ist jetzt Botschafter für seine Art und zieht Besucher von nah und fern an. Das Geld aus den Ticketverkäufen fließt zurück in die wichtige Arbeit des Zentrums – und der dortige Kiosk ist ihm zu Ehren umbenannt. Stoffel hat seinen Hütern zweifellos Kopfschmerzen bereitet, aber am Ende hat er auch dazu beigetragen, viel Geld für die Rettung und Wiedereingliederung von Wildtieren einzutreiben.

STUBBY,
ein Hund mit Dienstgrad

Als ein kleinwüchsiger, tonnenförmiger Hund ins Football Stadion der Yale University in New Haven, Connecticut lief, ahnte wohl kaum jemand, dass der wenig einnehmende Streuner einmal der am höchsten dekorierte Hund der amerikanischen Geschichte werden würde.

Es war im Jahr 1917, das 102. Infanterieregiment exerzierte und bereitete sich auf den Kriegseinsatz vor. Ein

Soldat namens J. Robert Conroy entdeckte den Hund, er gefiel ihm und so beschloss er, ihn zu behalten. Wegen der kurzen Beine und des Schwanzes nannte er ihn Stubby. Bald waren die beiden unzertrennlich.

Stubby, der mal als Boston Terrier, mal als American Bull Terrier, mal als »Hund unbestimmter Rasse« bezeichnet wurde, war sehr intelligent. Die Hornsignale und Übungen des Regiments hatte er schnell gelernt, und er legte sogar wie zum Gruß die Pfote an die Augenbraue.

Als die Einheit nach Frankreich aufbrach, ertrug Conroy den Gedanken nicht, von Stubby getrennt zu werden, also schmuggelte er ihn in seinem Mantel an Bord des Truppenschiffs SS *Minnesota*, brachte ihn eilig in den Laderaum und versteckte ihn in einem Kohlenbunker. Der befehlshabende Offizier war nicht besonders erfreut, einen kleinen Hund in seiner Truppe zu finden, doch er erlag dem Charme des Vierbeiners, und als der ihn grüßte, gab er nach.

Stubby stieß im Februar 1918 zu den Männern an der Front und erwies sich schon bald als wertvoll. Einmal hörte er das Heulen einer herannahenden Granate früher als seine Kameraden und warnte sie, sodass sie gerade noch rechtzeitig in Deckung gehen konnten. Er fand Überlebende, die auf dem Schlachtfeld verwundet worden waren, und führte die Sanitäter zu ihnen.

Hunde haben bekanntlich fünfzigmal so viele Geruchsrezeptoren wie Menschen, hinzu kamen Stubbys Intelligenz und Mut. Wenn er tödliche Gase wahrnahm, lief er laut bellend an den Gräben entlang und tippte die

Soldaten an, bis sie aufwachten. So rettete er mit seiner feinen Nase viele Soldaten davor, im Schlaf zu ersticken. Für seinen lebensrettenden Einsatz bekam er den ersten militärischen Rang: Gefreiter.

Gasangriffe waren eine der tödlichsten Gefahren im Ersten Weltkrieg. Am verbreitetsten war Senfgas, das Atemwege und Lunge schädigt und zu Blasenbildung führt. Auch Stubby hatte schon Schäden durch das Gas erlitten und war seitdem überwachsam im Hinblick auf diese Gefahr. Er bekam eine speziell angefertigte Gasmaske, aber wie die *New York Times* berichtete, war »Stubbys Physiognomie von so eigenartiger Form, dass keine Maske wirklich zufriedenstellend sein konnte«.

Stubbys Anwesenheit auf den Schlachtfeldern Europas war ungewöhnlich. Obwohl im Verlauf des Krieges über fünfzigtausend Hunde im Einsatz waren, war es bei den amerikanischen Streitkräften unüblich, sie dort einzusetzen. Irgendwann lieh sich die US-Armee eine Reihe französischer Militärhunde, aber da die Hunde nicht auf englische Kommandos reagierten, funktionierte die Arbeit mit ihnen nicht.

Die 26. (Yankee) Division erlebte mehr Gefechte als jede andere amerikanische Infanteriedivision. Stubby war die ganze Zeit dabei, mit voller Unterstützung des Regimentskommandeurs Colonel John Henry Parker. Einem Gerücht zufolge war der Hund das einzige Mitglied des Regiments, das ihm ungestraft widersprechen durfte. Laut der Associated Press zeigte sich der Hund manchmal so aggressiv, »so wild«, dass »es nötig war, ihn anzubinden, wenn Gefangenenladungen eintrafen, aus Sorge, dass deutsche Männer ohne Hosen im Lager ankamen«.

In seinem ersten Monat im Krieg, in Chemin des Dames, nördlich von Soissons, stand das Regiment unter ständigem Beschuss, und Stubby wurde durch eine deutsche Granate am Vorderbein verletzt. Sobald er sich erholt hatte, kehrte er zu seiner Einheit zurück und wurde immer besser darin, Verwundete im Niemandsland zu finden. Er bellte, um die Sanitäter zu alarmieren. Wenn den Männern jedoch nicht mehr zu helfen war, blieb er bei ihnen, um sie zu trösten, während sie starben.

Stubby schien verstanden zu haben, wer Freund und wer Feind war. Als er eines Nachts aus dem Graben kroch, um einem Geräusch nachzugehen, überraschte er einen feindlichen Spion, der versuchte, eine Karte vom Lageplan der alliierten Schützengräben zu machen. Wie die *New York Times* berichtete, waren die »Versuche des Deutschen, den Hund zu täuschen, fruchtlos. Stubby packte den Gefangenen an der Hose und hielt ihn fest, bis Hilfe kam.« Der Kommandant war so beeindruckt, dass er Stubby für eine Beförderung vorschlug, während die Männer dem Deutschen das Eiserne Kreuz abnahmen und es dem Hund gaben.

Insgesamt verbrachte Stubby zweihundertundzehn Tage auf dem Schlachtfeld, nahm an vier Offensiven und siebzehn Schlachten an der Westfront teil, in denen er weitere Verletzungen an Bein und Brust erlitt. Nach der Schlacht von Château-Thierry im Juli 1918, als er einen weiteren tödlichen Gasangriff abwendete, zeigten die Frauen der befreiten Stadt ihre Dankbarkeit, indem sie ihm einen Mantel aus Ziegenleder anfertigten (an dem später seine vielen Medaillen befestigt wurden). Er war der einzige Hund, der einen Dienstgrad erhielt und dann während der Kämpfe zum Sergeanten befördert wurde.

Da trotz aller Verdienste offiziell ein Haustierverbot für Soldaten galt, musste Conroy seinen Vierbeiner nach Hause schmuggeln. Zurück in den USA wurde Stubby wie ein Held begrüßt und zum Mitglied der American Legion und der YMCA auf Lebenszeit ernannt (bei Letzterer hatte er lebenslang Anspruch auf »drei Knochen am Tag und einen Schlafplatz«).

Conroy setzte sein Studium an der Georgetown University fort. Natürlich kam der Hund mit und wurde das Maskottchen der Leichtathletikmannschaft.

World WarStubby traf die US-Präsidenten Woodrow Wilson (dem er die Pfote gab), Calvin Coolidge und Warren G. Henning und wurde 1921, fünf Jahre, bevor er starb, bei einer Zeremonie im Weißen Haus mit der goldenen »Hundehelden«-Medaille der Humane Education Society (heute Humane Society) ausgezeichnet. General John Pershing, Kommandant der amerikanischen Streitkräfte in Europa, rühmte feierlich Stubbys »außerordentlichen Heldenmut« und seine »Tapferkeit im Gefecht«. Die *New York Times* berichtete, dass Stubby sich als Reaktion »die Lippen leckte und mit seinem winzigen Schwanz wedelte«. Unter den vielen Auszeichnungen sind eine World War I US New Haven Connecticut Veterans Medal, das Purple Heart (Verwundetenabzeichen der US-amerikanischen Streitkräfte), die französische Medaille »La Grande Guerre«, die St. Mihiel Medal und drei Dienststreifen. Als Stubby starb, veröffentlichte die *New York Times* einen ungewöhnlich langen Nachruf unter der Überschrift »Stubby von der A.E.F. (American Expeditionary Forces) zieht in die Walhalla ein«.

TACOMA,
Minenentschärfer unter Wasser

Was ist an Delfinen nicht liebenswert? Man hat den Eindruck, sie würden lächeln, und dadurch sehen sie so aus, als seien sie immer glücklich; ihre Schnelligkeit und Akrobatik ist eine Freude und sie sind äußerst intelligent. Außerdem sind sie extrem sozial. Als fürsorgliche und verantwortungsvolle Eltern behalten sie die Jungen immer nah bei sich und bringen ihnen alles bei, was sie für ein unabhängiges Leben als erwachsene Tiere brauchen. Ich schätze, wenn man ihnen zeigen würde, wie man Auto fährt oder Wäsche wäscht, könnten sie das auch.

Ebenso wie bei Menschen, Affen und Elefanten finden sich auch im Gehirn von Delfinen Spindelneuronen oder Von Economo-Neuronen, die mit Gefühlen, Kommunikation, Selbstwahrnehmung und dem Lösen von Problemen assoziiert werden.

Aber der Delfin kann etwas, das wir nicht können: sein Gehör zum Sehen benutzen. Licht dringt nicht in und durch die Tiefen des Meeres, aber Klang verbreitet sich dort problemlos. Deshalb orientieren Delfine sich durch Echoortung – sie benutzen den Klang, um Dinge zu finden. Das ermöglicht es ihnen, unter Bedingungen zu »sehen«, wo nur wenig oder nichts zu sehen ist. Dabei nehmen sie die Echos, d.h. Schallwellen, die durch von ihnen produzierte Laute oder Klicks reflektiert werden, im hinteren Teil ihres Unterkiefers wahr, von wo die Information an das Gehirn weitergeleitet wird. Aus der Laufzeit des Echos erhält der Delfin nicht nur Informationen über die Entfernung, sondern auch über Größe und Art des Objekts, von dem die Schallwellen abprallen. Das System ist so effizient, dass es Delfinen möglich ist, Dinge zu orten, die bis zu einem halben Meter tief im Meeresgrund vergraben sind. Angesichts dieser Fähigkeiten, die selbst die anspruchsvollsten Geräte übertreffen, ist es kein Wunder, dass diese Tiere von den marinen Supermächten der Welt vereinnahmt wurden.

Die Amerikaner begannen 1960 mit einem Programm zur Erforschung des militärischen Nutzens von Meeressäugetieren. Neben der Fähigkeit der Echoortung von Delfinen, die sich einsetzen lässt, um alles Mögliche aufzuspüren, von Unterwasserminen bis zu verlorener Ausrüstung, wurde auch die Aerodynamik untersucht, die es ihnen ermöglicht, mit hoher Geschwindigkeit in beachtlichen Tiefen zu schwimmen. Die Tiere wurden trainiert, Kameras im Maul zu halten, um Aufklärungsoperationen unter Wasser durchzuführen. Seinen Höhepunkt erreichte das Projekt während des Kalten Krieges, es wurden Millionen von Dollar in die Erforschung und das Training von Delfinen gepumpt, um die Sowjets auf diesem Gebiet zu übertreffen. Aus dem Spion, der aus der Kälte kam, wurde der Spion, der aus dem Meer kam.

Zwischen 1965 und 1975 dienten im Vietnamkrieg fünf Delfine dem Schutz von Booten – ihr Einsatz war absolute Verschlusssache. Delfinpatrouillen suchten auch nach Schwimmern, die Sprengstoff legen konnten, und, kaum vorstellbar, sie konnten sogar Rückhalteklammern an Eindringlingen anbringen.

Einen Delfin auszubilden, dauert ungefähr ein Jahr und ist eine große Investition. Am Ende des Ausbildungsprogramms ist ein Exemplar ungefähr zwei Millionen Dollar wert und kann seinem Land bis zu zwanzig Jahre dienen. Da wir hier von einem Wildtier sprechen, geht die Rechnung nicht immer auf, und manchmal sucht die Zwei-Millionen-Dollar-Investition bei der ersten Gelegenheit im offenen Meer das Weite. Außerdem besteht das Risiko, dass die territorialen Instinkte der Delfine die Oberhand gewinnen und die einheimische Herde den Spionage-Delfin der Navy von ihrem Territorium verjagt.

Delfine werden zwischen dreißig und fünfzig Jahre alt, ein Zweiundzwanzigjähriger ist also auf dem Höhepunkt seiner Kraft. So alt war Tacoma, als er 2003 in den einzigen Tiefwasserhafen des Iraks geflogen wurde, um das Gebiet von Sprengstoff zu räumen. Die Explosive Ordnance Disposal Mobile Unit 3 (EODmu 3) der US Navy war damit beauftragt, den Hafen von Umm Qasr sicher für Schiffe mit humanitären Hilfsgütern zu machen. Tacoma war in einem riesigen Tank auf einem US-amerikanischen Kriegsschiff ausgebildet worden und wurde dann mit dem Hubschrauber in einem Spezialbehälter an Ort und Stelle gebracht. Es war das erste Mal, dass man ihn zur Räumung von Minen einsetzte. Sein Trainer beschrieb ihn als »gesprächig« und als »einen der Besten in seinem Job«.

In jenem Teil des Persischen Golfs, ein Stück nördlich von Kuwait, sind die Sichtverhältnisse unter Wasser extrem schlecht, sodass es für Taucher unmöglich ist, nach Sprengstoff zu suchen. Hier kommt die Fähigkeit der Echoorientierung von Delfinen ins Spiel.

Die Minen befanden sich seit dem Golfkrieg 1991 im Hafen, viele davon tief in den Schlick eingesunken, aber sie waren immer noch aktiv und konnten leicht ausgelöst werden, wenn sich ein Schiff näherte. Sie müssen nicht einmal berührt werden, um eine Explosion auszulösen – es reichen Verschiebungen im magnetischen Feld, das sie umgibt, verursacht durch den Stahlrumpf eines Schiffes oder den legierten Stahl eines U-Bootes.

Da die Körper von Delfinen kein Metall enthalten, konnte Tacoma nahe an die Minen herankommen, ohne sie zu triggern. Der Große Tümmler machte sich also an die Arbeit. Und nun zum wirklich cleveren Teil. Er war nämlich trainiert worden, die Minen nicht zu berühren, sondern nach oben zu schwimmen und einen Plastikball vorne am Boot zu drücken, wenn er eine fand. Die Minen wurden dann mit speziellen Bojen markiert und anschließend von Tauchern der Navy entschärft.

Die Mission verlief nicht ganz reibungslos: Tacoma sorgte für Aufregung, als er am 4. April für achtundvierzig Stunden verschwand. Niemand wusste, ob es ihn aufs offene Meer gezogen hatte, er von irakischen Delfinen verjagt worden oder umgekommen war. Zum Glück kehrte er unverletzt zurück und setzte seine lebensrettende Aufgabe fort. Neben vier anderen Delfinen ortete Tacoma über hundert Sprengkörper unter Wasser. Den Delfinen war es zu verdanken, dass das britische Hilfsschiff *Sir Galahad* sicher in den Hafen einlaufen konnte, um wichtige Hilfsgüter für Tausende Iraker zu bringen. Kapitän Brian May von der Royal Navy sagte: »Der Herrgott beschloss, die Delfine mit dem besten Sonar auszustatten, das je entwickelt wurde. Wir können nur versuchen ihrer Fähigkeit nahezukommen.«

TAMA,
Bahnhofsvorsteherin und einzige weibliche Führungskraft in ihrem Unternehmen

Katzen haben in der japanischen Kultur einen besonderen Stellenwert. Sie sollen Glück bringen und sind ein Symbol für Wohlstand und Reichtum. Ob in alten Kunstwerken oder in Form des modernen Hello-Kitty-Phänomens – Katzen genießen seit jeher besondere Aufmerksamkeit. Es gibt in Japan mindestens zwei Inseln, die »Katzeninseln« genannt werden, eine »Katzenstadt«

in Tokio (Yanaka) und ein Katzencafé, wo man Katzen streicheln kann, während man Kaffee oder Tee trinkt. Überall kann man Katzensouvenirs kaufen und, wie Sie sich vorstellen können, allerlei Katzen-Tand und Plunder, die Möglichkeiten sind unbegrenzt.

Als ich überlegte, wer meine größte Katzenheldin ist, ragte Tama heraus. Der Glaube, dass Katzen Glück bringen, bewahrheitete sich in ihrem Fall tatsächlich, denn ihr schreibt man die Rettung der lokalen Wirtschaft in Wakayama im westlichen Japan zu. Sie hielt, als die Haltestelle aus Kostengründen abgewickelt werden sollte, in dem für eine Katze ungewöhnlichen Job des Bahnhofsvorstehers von Kishi Station die Stellung.

Das gefleckte Kätzchen wurde 1999 in Kinokawa geboren, eines aus einer Gruppe von Streunern, die sich in der Nähe des Bahnhofs herumtrieben. Obwohl der Inhaber des kleinen Ladens um die Ecke sie gewissermaßen adoptiert hatte, verbrachte sie ihre Zeit immer noch gerne in der Nähe der Züge. Wegen ihres freundlichen Wesens war sie bald der Liebling der Pendler, die sie »Stationsvorsteher« Tama nannten.

Weil die Bahngesellschaft, die die Verbindung von Kishi Station nach Wakayama betrieb, in finanziellen Schwierigkeiten steckte, sollte die Strecke 2004 stillgelegt werden. Die Einheimischen schafften es zwar zunächst, sie aufrechtzuerhalten, als jedoch zwei Jahre später im Rahmen von Sparmaßnahmen das gesamte Personal abgezogen wurde, gab es keine Fahrkartenkontrolleure, keine Zugbegleiter und keinen Bahnhofsvorsteher mehr.

Da trat Tama auf den Plan. Sie zog in ein eigenes

Büro (ein stillgelegtes Fahrkartenhäuschen inklusive Katzenklo) und wurde das Gesicht der Bahn. Zu ihren Pflichten gehörte es, Pendler von einem Tisch an der Bahnsteigsperre zu grüßen. Als »Lohn« erhielt sie Katzenfutter, so viel sie fressen konnte, außerdem einen goldenen Anhänger an ihrem Halsband mit ihrem Namen und ihrer Position. Für den Sommer stattete man sie mit einem Hut gegen die Hitze aus. Pendler und Bahnmitarbeiter liebten sie. Selbst der Präsident der Wakayama Electric Railway Company erlag ihrem Charme, bestellte ihr eine passende Bahnhofsvorstehermütze und ernannte sie 2007 offiziell zur ersten kätzischen »Bahnhofsvorsteherin« Japans.

Tama erschien im Werbematerial des Bahnhofs und avancierte zum Medienstar. 2007 wurde sie von der Bahn als »Beste Bahnhofsmanagerin« ausgezeichnet und erhielt als Jahresendbonus ein Spielzeug und Krebsfleischhäppchen. 2008 wurde sie zur »Oberbahnhofsvorsteherin« befördert und damit die einzige weibliche Führungskraft im Unternehmen. Man änderte ihr Namensschild entsprechend und gab ein Porträt von ihr in Auftrag.

Später wurde Tama vom Gouverneur der Präfektur für »ihre Verdienste um den Tourismus« zum Ritter geschlagen und erhielt für die Zeremonie ein dunkelblaues Kleid mit Spitzenrüschen am Hals. Eine Tama-Manie erfasste das ganze Land, Tausende von Touristen strömten nach Kishi, um die Bahnhofsvorsteherin bei der Arbeit zu sehen. Eine Studie ergab, dass 2007 allein wegen der Katze fünfundfünfzigtausend Fahrgäste zusätzlich die Kishigawa-Bahnlinie benutzten.

Tamas Stern stieg unaufhaltsam. Da sie dermaßen zur Erweiterung der Kundenbasis des Unternehmens beigetragen hatte, wurde sie zum »Operating Officer« befördert und war damit die erste Katze, die eine leitende Funktion bei einer Bahngesellschaft innehatte. Ihre Mutter Miiko und ihre Schwester Chibi wurden zu ihren Stellvertreterinnen ernannt. Das Bahnhofsgebäude und einer der Züge erhielten von Eiji Mitooka, dem Mann hinter den Hochgeschwindigkeitszügen, ein neues Design. Den Zug zieren vorne Schnurrhaare, einzelne Wagen sind mit Pfotenabdrücken und Cartoons von Tama dekoriert und beim Öffnen der Türen an den Haltestellen ist Miauen zu hören. Schließlich wurde Tama auch noch zum »Managing Executive Officer« befördert, damit hielt sie die drittwichtigste Position im Unternehmen nach dem Präsidenten und dem Geschäftsführer. Und ein Jahr später ernannte man sie zur Ehrenpräsidentin der Wakayama Electric Company auf Lebenszeit.

Als sie 2015 mit sechzehn Jahren an Herzversagen starb, betrug ihr Beitrag zur lokalen Wirtschaft über 1,1 Milliarden japanische Yen, das entspricht über acht Millionen Euro. Ungefähr dreitausend Menschen wohnten der Trauerfeier für die »ewige Ehrenbahnhofsvorsteherin« am Bahnhof Kishi bei und brachten Blumen und Thunfischdosen. Tama wurde in den Stand einer Shinto-Göttin erhoben.

DIE TAMWORTH TWO,
gewitzte Freiheitskämpfer

Der Schatten des Todes lag über zwei Tamworth-Schweinen. Im zarten Alter von fünf Monaten war ihr Ende nahe, ihr Schicksal besiegelt – so schien es zumindest. Aber diese beiden tapferen Schweinchen hatten andere Vorstellungen.

Ihre Schlachtung sollte am 8. Januar 1998 stattfinden. Bei Tagesanbruch auf einen Transporter geladen, befanden sich Bruder und Schwester auf dem Weg zum örtlichen Schlachthof in Malmesbury, Wiltshire, als sie sich zur Flucht entschieden. Beim Abladen rannten sie vom Schlachthof, quetschten sich durch einen Zaun, schwammen durch den Avon und schlugen sich durch nahe gelegene Gärten in ein Dickicht in der Nähe von Tetbury Hill, wo sie sich die folgenden sechs Tage versteckten.

Die Geschichte der beiden Schweine, die dem Schlachter entkamen, frei nach den Abenteuern von Butch Cassidy und Sundance Kid, wurde von den Medien aufgesaugt. Reporter aus aller Welt, einschließlich Japan und Amerika, kamen, um über die »Tamworth Two« zu berichten.

Die Geschichte wurde noch interessanter, als der Besitzer der beiden, der örtliche Straßenkehrer Arnoldo Dijulio, erklärte, er würde die Schweine wieder zum

Schlachter schicken, sobald sie gefangen wären. Tierschützer und Zeitungen boten hohe Summen, um die Tiere zu retten. Die *Daily Mail* sicherte sich schließlich den Deal, »Butch Cassidy und the Sundance Pig« für die Exklusivrechte an ihrer Geschichte und den Fotos vor dem sicheren Tod zu bewahren.

Nach einer Woche in Freiheit wurden die Schweine auf Futtersuche im Garten von Harold und Mary Clarke gesichtet. Butch konnte eingefangen werden, aber Sundance entwischte wieder und schlug sich zurück ins Dickicht. Zwei Spaniel und ein paar Betäubungsschüsse waren nötig, um ihn zu erwischen. Der Tierarzt, der ihn untersuchte, sagte, es gehe ihm nach seinem großen Abenteuer gut, verfrachtete ihn aber sicherheitshalber hinter eine 1,80 Meter hohe Mauer mit einer Tür mit ein paar Riegeln und fügte hinzu: »Er ist offensichtlich ziemlich schlau. Er hat eine Menge Leute mehrere Tage lang an der Nase herumgeführt. Ich will nicht noch einen Tag durch Malmesbury rennen.«

Die *Daily Mail* schickte Butch and Sundance in ein Rare Breeds Centre, ein Schutzzentrum für seltene Rassen in Kent, wo viele ihrer Fans sie besuchen konnten. Die BBC produzierte 2004 einen Film mit dem Titel *The Legend of the Tamworth Two* über sie.

Butch und Cassidy starben 2011 beide innerhalb von sechs Monaten, im Alter von vierzehn Jahren.

THANDI
gibt nicht auf

Ich traf Thandi 2013, als ich für Filmaufnahmen für die BBC-Sendung *Operation Wild* im Kariega Game Reserve in Südafrika war. Ihr Name bedeutet in der Xhosa-Sprache »Mut« und »geliebt werden«. Sie war scheu und versteckte sich hinter einem Busch. Wenn wir sie suchten, erkannten wir sie daran, dass sie kein Horn hatte. Thandi war eines von drei Nashörnern, die ein Jahr zuvor von Wilderern brutal verstümmelt worden waren; die Männer hatten sie mit Pfeilen betäubt, ihre Hörner mit einer Machete entfernt und in einer Blutlache liegen gelassen.

»Ihr Anblick brach mir das Herz«, sagte Dr. Will Fowlds und gestand: »Ich saß im Auto und weinte um sie und all die anderen Nashörner, die täglich verstümmelt werden.« Eines der drei Tiere war bereits tot, ein anderes starb ein paar Monate später. Fowlds behandelte Thandi weiter. »Ich hatte bei ihr einen starken Überlebenstrieb beobachtet«, sagte er. Sie benötigte mehrere Hauttransplantationen, einige davon erwiesen sich als extrem schwierig. Ihr Schicksal berührte Millionen von Menschen in Afrika und auf der ganzen Welt, sodass sie zur Gallionsfigur des Kampfes gegen Wilderer wurde.

Die Gier nach dem Horn der Dickhäuter beruht auf

dem irrtümlichen Glauben, es sei ein Heilmittel gegen alles Mögliche, von Fieber bis Gicht. Außerdem kursiert das Gerücht, dass es als Aphrodisiakum taugt und den Kater nach übermäßigem Alkoholgenuss vertreibt. Das Horn von Nashörnern besteht wie menschliche Nägel und Haare aus Keratin, man könnte sich also ebenso wirksam mit gemahlenen Nägeln oder Tee aus Haaren »behandeln«. Dennoch hat der Irrglaube dazu geführt, dass das Horn von Nashörnern äußerst wertvoll ist – der Wert entspricht ungefähr dem Doppelten seines Gewichts in Gold aufgewogen.

Im Verlauf des letzten Jahrhunderts wurden die Bestände der Nashörner in Afrika und Asien durch Wilderei dramatisch reduziert. Von über einer halben Million wild lebender Tiere sind heute weniger als dreißigtausend übrig, und drei von fünf Arten sind vom Aussterben bedroht. In Südafrika sind das Westliche Spitzmaulnashorn und das Nördliche Breitmaulnashorn in freier Wildbahn bereits ausgestorben. Hier, wo fast achtzig Prozent des verbliebenen weltweiten Nashornbestandes leben, ist Wilderei ein besonderes Problem: Durchschnittlich alle acht Stunden wird in Südafrika ein Nashorn getötet. Auch Wildhüter und Ranger, die mit dem Schutz der Tiere betraut sind, leben hier gefährlich. Seit 2009 wurden über neunhundert bei ihrer Arbeit getötet.

Der Film, den ich drehte, dokumentiert den Prozess, wie einem Nashorn gefahrlos ein rosa Farbstoff ins Horn injiziert wird, um es dauerhaft zu färben und giftig für Menschen zu machen. Es ist mit der Behandlung von Geldscheinen vergleichbar. Die Farbe wird in Scannern auf Flughäfen sichtbar, selbst wenn das Horn zu Pulver zermahlen ist. Rund um das Reservat sind mittlerweile Schilder in allen Sprachen einschließlich Mandarin aufgestellt, damit die Wilderer und ihre Bosse begreifen, dass sich der Raub der Hörner nicht lohnt.

Ich musste immer wieder an Thandi denken und hatte das Bild vor Augen, wie sie ohne Horn in ihrem Blut lag. Erstaunlicherweise überlebte sie nicht nur. Nicht lange, nachdem ich sie gesehen hatte, ergaben Bluttests, dass sie trächtig war. Als Fowlds dies erfuhr, weinte er wieder, denn es schien wie ein Wunder, einmal mehr setzte sie ein Zeichen der Hoffnung. »Das Nashorn hat mein Leben verändert«, sagte er. »Ich kann nicht sagen zum Besseren, denn ich hätte mir niemals gewünscht, einen Krieg wie diesen zu führen, aber Thandi hat mir eine innere Stärke gezeigt, der ich folgen muss. Sie hat mich und viele andere zum Handeln veranlasst, und ich muss weitermachen. Allen Widrigkeiten zum Trotz setzt sie ein Zeichen der Hoffnung, und wir können und werden die großen Herausforderungen bewältigen, die sie zu vernichten drohen.«

Thandi brachte ein gesundes weibliches Kalb zur Welt, dem man den Namen Thembi (Hoffnung) gab. Und sie bekam noch zwei weitere Kälber, beide männlich: Colin, benannt nach Colin Rushmere, dem Gründer des Kariega Reservats, und 2019 Mthetho, was Gerechtigkeit bedeutet. Das war insbesondere deshalb passend, weil in der Woche, in der er geboren wurde, Mitglieder einer berüchtigten Bande von Wilderern (die auch für den Angriff auf Thandi verantwortlich gewesen

sein könnten) zu einer Gefängnisstrafe von jeweils fünfundzwanzig Jahren verurteilt wurden.

Thandi war das erste Nashorn, das einen Angriff von
Wilderern überlebt hat. Ihr Kampf hat Menschen auf
der ganzen Welt inspiriert. Angie Goody, eine Rinder-
und Schafzüchterin von der Isle of Man, die damals als
Freiwillige im Reservat arbeitete, beeindruckte Thandis
Geschichte derart, dass sie beschloss, sich dem Kampf
gegen Wilderei zu widmen. Seitdem engagiert sie sich
leidenschaftlich für »Schutz, Sensibilisierung und Fund-
raising für die Nashörner in Südafrika«. Sie gründete die
Hilfsorganisation »Thandis Endangered Species Association« und hat schon Tausende Pfund eingesammelt, um
die weitere Behandlung des Nashorns sowie die für den
Kampf gegen Wilderer nötige Ausrüstung zu finanzieren.

Simon Jones, Gründer und Geschäftsführer von Helping Rhinos, einer internationalen Hilfsorganisation, die
sich für den Erhalt eines stabilen Nashornbestands in
ihrem natürlichen Lebensraum einsetzt, erzählt: »Thandi
hat eine wichtige Rolle in meinem Leben gespielt und
wesentlich dazu beigetragen, dass Helping Rhinos heute
existiert.«

Auch mich hat Thandi tief berührt. Später habe ich
einen Vortrag von Dr. Fowlds bei der Royal Geographi-
cal Society gehört. Er ist ein mitreißender, engagierter
Redner und ein ebenso brillanter Tierarzt. Immer wieder betont er, wie sehr das Beispiel dieses bemerkenswerten, tapferen Nashorns dazu beigetragen hat, das Bewusstsein vieler Menschen für diese wunderbare Art

zu schärfen: »Thandis unglaubliche Zähigkeit und ihr Überlebenswille gaben Hoffnung angesichts von Hoffnungslosigkeit. Ihre Geschichte zeugt vom Schlimmsten und Besten im menschlichen Umgang mit Tieren.«

THULA,
eine Katze mit Einfühlungsvermögen

Zahlreiche Studien belegen, dass ein Haustier einen beruhigenden Einfluss auf Kinder mit neurologischen Besonderheiten hat. Natürlich ist das nicht immer so, aber wenn es funktioniert, ist die Wirkung erstaunlich. Ich habe erlebt, wie Hunde, Pferde und Meerschweinchen Trost spenden und wie sie Kindern, die mit Einschränkungen und emotionalen Defiziten zu kämpfen haben, bedingungslose Liebe schenken. Katzen erfüllen diese Aufgabe eher selten, denn sie neigen dazu, ihr eigenes Ding zu machen (wie ich als »Besitzerin« einer Katze nur zu gut weiß!).

Aber manchmal gibt es Ausnahmen von der Regel. Ein solcher Fall war Thula, eine besondere Katze, die ein kleines Mädchen namens Iris vollkommen veränderte.

Iris war anders als andere Kleinkinder. Sie mied jeden Blickkontakt und die Interaktion mit jemandem in ihrer Nähe. Menschen, die sie nicht kannte, machten ihr

Angst. Ihre Mutter Arabella Carter Johnson war darüber sehr besorgt und suchte deshalb im Jahr 2012 mehrere Spezialisten auf. Die Ärzte diagnostizierten bei Iris eine schwere Autismus-Spektrum-Störung und schlossen nicht aus, dass sie vielleicht niemals sprechen würde. »Ich las alles über Autismus, was ich finden konnte, und mir wurde klar, dass es keine schnelle Heilung geben würde«, sagte Arabella. »Fast alles konnte einen Zusammenbruch auslösen – das Klappern des Geschirrspülers oder wenn jemand mit einem Spielzeug vor ihrem Gesicht herumfuchtelte. Weil die laute, verwirrende Umgebung sie überforderte, wurde Iris fast vollkommen stumm.«

Arabella versuchte es zunächst mit einem Hund, der Iris dazu bringen sollte zu kommunizieren, musste aber feststellen: »Iris und der Hund verstanden sich nicht – Iris hasste es, wenn er sie ableckte und mit dem Schwanz wedelte, die Hyperaktivität des Hundes war einfach zu viel für sie.«

Durch puren Zufall trat eine Katze in ihr Leben, als Arabellas Bruder über Weihnachten wegfuhr und sie bat, auf seinen kleinen Vierbeiner aufzupassen. Die Eltern waren neugierig, wie Iris darauf reagieren würde, aber zwischen ihr und dem Tier schien tatsächlich eine Beziehung zu entstehen. Nach dieser Erfahrung beschloss Arabella, eine eigene Katze anzuschaffen, und sie informierte sich über die unterschiedlichen Rassen. Ihre Wahl fiel auf eine Maine-Coon-Katze.

Eine Maine-Coon, die größte Hauskatzenrasse, kann bis zu acht Kilo schwer werden. Um ihren Ursprung ranken sich alle möglichen Geschichten. Mal heißt es, sie seien mit Waschbären gekreuzte Wildkatzen, dann wieder wird behauptet, sie stammten von Katzen der französischen Königin Marie Antoinette ab, die Captain Samuel Clough zusammen mit Teilen ihres Hausstands an Bord genommen habe, als sie 1792 aus dem revolutionären Frankreich fliehen wollte. Anders als ihre königliche Besitzerin schafften es die Katzen offenbar über den Atlantik und erreichten sicher Maine, wo die Maine-Coon 1985 zur »Staatskatze« ernannt wurde. Wegen ihres geselligen und treuen Wesens und wegen ihrer Intelligenz werden sie häufig als »die Hunde unter den Katzen« bezeichnet.

Bereits in der ersten Nacht, die Thula bei den Carter Johnsons verbrachte, schlief sie in Iris' Armen und ließ sich auch nicht davon aus der Ruhe bringen, dass das kleine Mädchen fortwährend ihre Schnurrhaare und ihren Schwanz streichelte. »Thula liebte alles, was Iris schwierig fand«, sagte ihre Mutter. Zum Beispiel mochte es das Mädchen nicht, wenn Wasser ihre Haut berührte. Bis Thula kam, war das regelmäßige Baden deshalb ein wahrer Albtraum für alle Beteiligten gewesen. Doch Thula, die als Maine-Coon im Gegensatz zu anderen Katzen Wasser liebte, sprang einfach mit in die Wanne. »Es war wunderbar«, schwärmte Arabella.

Wie alle Kätzchen war Thula stets zu Streichen aufgelegt, aber sobald sie in Iris' Nähe war, änderte sie instinktiv ihr Verhalten. War Iris gestresst oder ungeduldig, legte sich die Katze auf ihren Schoß und beruhigte sie. Wachte sie nachts auf, tröstete Thula sie und blieb bei ihr, bis sie wieder eingeschlafen war. Iris begann mit ihrem Haustier zu sprechen, befahl ihm, sich zu setzen oder ihr durchs Haus zu folgen. Im Gegenzug sorgte die Katze dafür, dass Iris bei allen Unternehmungen, vom Picknick bis zum Einkaufen, ruhig und zufrieden war, imitierte sogar, was Iris tat, wenn sie spielte oder malte.

Vor allem das Malen, das ihr eigentlich nur beim Sprechen helfen und die Verhaltenstherapie unterstützen sollte, gefiel Iris. Mit Thulas Hilfe wurden ihr Selbstvertrauen und ihre Konzentration so sehr gestärkt, dass sie in den Bildern, die sie schuf, ihrer Gabe, die Farben in besonderer Weise zu kombinieren, freien Lauf ließ. Als ihre Mutter ihre Bilder bei Facebook postete, erregten sie ziemliches Aufsehen. Eines davon kaufte sogar die Schauspielerin und Aktivistin Angelina Jolie. Der Erlös der Bilder kommt Iris' Ausbildung und Therapie zugute.

Arabella sagt heute: »Ich hätte niemals gedacht, dass ein Tier so viel Freude in Iris' Leben bringen würde. Bevor Thula zu uns kam, hat sie viel geweint – es war schmerzlich für uns beide –, aber seitdem diese Katze bei uns ist, hat sie sich von Grund auf verändert. Es ist ein Wunder.«

Ein Hoch auf Thula und all die anderen Tiere, die täglich Wunder vollbringen.

TOGO,
ausdauernder Staffelläufer

Einst, als der Goldrausch Tausende von Goldsuchern in die Gegend trieb, war Nome die größte Stadt Alaskas. Heute hat sie weniger als viertausend Einwohner. Im Winter können die Temperaturen unter vierzig Grad sinken, und es kommt vor, dass die Bevölkerung von der Außenwelt abgeschnitten ist.

Das war im Januar 1925 der Fall, als die Stadt von einer Diphterie-Epidemie heimgesucht wurde. Es gab in Nome nur ein Krankenhaus mit gerade mal vier Betten, einem Arzt, Curtis Welch, und vier Schwestern. Sie hatten keine verwendbaren Diphterie-Medikamente mehr und der angeforderte Nachschub war noch nicht eingetroffen. Anfang Januar waren vier Kinder gestorben.

Diphterie ist eine tödliche bakterielle Infektion, die die Schleimhäute von Nase und Rachen befällt und zu Atembeschwerden, Lähmungen, Herzversagen und Tod führen kann. Kleine Kinder und Menschen über sechzig haben ein besonderes Risiko zu erkranken. 1921 gab es mehr als zweihunderttausend gemeldete Fälle in den USA, über fünfzehntausend Infizierte starben.

Nome wurde unter Quarantäne gestellt, aber die Zahlen stiegen dennoch weiter. Bald war die Lage extrem angespannt. Zehntausend Menschen im Stadtgebiet waren gefährdet, und der prognostizierten Sterblichkeitsrate zufolge konnte es die meisten davon dahinraffen. Welch war verzweifelt. Er schickte ein Telegramm an den US Public Health Service in Washington und bat um Hilfe. Starker Schneefall hatte jedoch die Straßen unpassierbar gemacht, Eis verhinderte, dass Schiffe sich nähern konnten und die eisigen Temperaturen sorgten dafür, dass die einzigen Flugzeuge, die in der Gegend verkehrten – drei uralte Doppeldecker mit offenem Cockpit und wassergekühltem Motor – nicht fliegen konnten. Nome war komplett von der Außenwelt abgeschnitten. Die einzige Lösung waren Hunde.

Vierzehn Jahre, nachdem sie Roald Amundsen geholfen hatten, als Erster den Südpol zu erreichen, waren Siberian Huskys wieder das Erfolgsgeheimnis. Die Rasse stammt ursprünglich aus dem Nordosten Asiens und ist an eisige Temperaturen gewöhnt. Siberian Huskys kamen während des Goldrausches als Schlittenhunde nach Nome, und sie waren schnell, stark und zäh.

Die nächste Bahnhofsstation, Nenana, lag eintausendachtzig Kilometer von Nome entfernt. Von dort sollte ein Schlittengespann mit dreihunderttausend Einheiten eines lebensrettenden Serums losgeschickt werden. In Nulato, ungefähr in der Mitte der Strecke, sollten die Dosen einem Gespann übergeben werden, das sich von Nome aus auf den Weg machte.

Wenn man sich die Karte ansieht, wird die riesige Entfernung deutlich, die unter extremen Bedingungen – Orkanböen und Schneestürme sorgten dafür, dass fast nichts zu sehen war – zurückgelegt werden musste.

Verantwortlich für eines der Gespanne war der Hundezüchter und Musher Leonhard Seppala, den der Goldrausch von Norwegen nach Nome verschlagen hatte, sein Leithund hieß Togo. Togo, benannt nach dem japanischen Admiral Togo Heihachiro, war klein (er wog nur einundzwanzig Kilo), aber überraschend stark. Zunächst schien der als Welpe kränkliche Hund auch wegen seiner Neigung zum Ungehorsam nicht als Arbeitshund geeignet, nicht zuletzt, weil er immer wieder in Bedrängnis mit größeren Hunden geriet. Er folgte seinem Besitzer jedoch auf Schritt und Tritt, und als Seppala ihn als Haushund weggeben wollte, sprang er aus dem Fenster und lief zu ihm zurück. Schließlich beugte Seppala sich dem Unvermeidlichen und legte ihm ein Geschirr an. Die Veränderung im Wesen des Hundes war erstaunlich. Togo wurde sofort ruhiger. Es war, als hätte er nur Unfug gemacht, um auf sich aufmerksam zu machen. Auf einmal fand er seine wahre Berufung. Seppala beschrieb ihn als »Wunderkind« und »geborenen Führer«.

Togo war bereits zwölf, als er an der strapaziösen, fünfeinhalb Tage dauernden Mission teilnahm. Die Temperaturen sanken unter minus fünfzig Grad, einigen Mushern erfroren Finger oder Zehen. Einem Mann musste warmes Wasser über die Hände gegossen werden, nachdem sie am Schlittengriff festgefroren waren. Viele der hundertfünfzig eingesetzten Hunde starben vor Erschöpfung und Kälte.

Überall in Amerika verfolgten Menschen gespannt am Radio, wie das Team im sogenannten »Great Race of Mercy« vorankam. Das längste und schwerste Stück bewältigten Seppala und Togo. Sie überquerten während eines Schneesturms mitten in der Nacht das offene Eis des Norton-Sunds, überwanden den eintausendfünfhundert Meter hohen Berg Little McKinley und legten in drei Tagen über vierhundert Kilometer zurück, um das Serum dem nächsten Team der Staffel zu übergeben.

Gunnar Kaasen und sein Hund Balto übernahmen die letzten achtundachtzig Kilometer der Strecke und kamen am frühen Morgen des 2. Februar in Nome an. Sie hätten ihre wertvolle Fracht kurz vor dem Ziel beinahe verloren, als der Schlitten durch einen Windstoß umkippte. Kaasen holte sich Erfrierungen, als er im tiefen Schnee nach der metallenen Kiste mit den Medizinfläschchen suchte.

Balto, der mit dem Serum in Nome eintraf, wurde als Retter der Bevölkerung gefeiert, bekam die ganze Aufmerksamkeit der Zeitungen und sogar ein Denkmal im New Yorker Central Park. Togo, der mehr als viermal so weit und einen wesentlich gefährlicheren Streckenabschnitt gelaufen war, wurde vergessen. Seppala zeigte sich darüber untröstlich: »Es liegt mir fern, einem Hund oder Fahrer, der an diesem Run teilgenommen hat, sein Verdienst abzusprechen. Wir haben alle unser Bestes gegeben. Aber als die Begeisterung im Land nur Balto galt, habe ich mich geärgert, denn wenn ein Hund eine besondere Erwähnung verdient hat, ist es Togo.« Nicht ein einzelner Hund sollte alle Lorbeeren ernten. Ein ganzes Team war nötig, um den bemerkenswerten Transport durchzuziehen, der so viele Leben rettete.

Togo wurde schließlich doch noch öffentliche Anerkennung zuteil. Er trat vor großem Publikum an vielen Orten der USA auf. Außerdem erhielt er eine Goldmedaille von dem Mann überreicht, der Seppala sein erstes Schlittenteam geschenkt hatte: Roald Amundsen. Für Seppala kam dies ein bisschen spät: »Ich hatte niemals einen besseren Hund als Togo. Seine Ausdauer, seine Loyalität und Intelligenz waren unübertrefflich. Togo war der beste Hund, der jemals auf dem Alaska Trail gelaufen ist.«

Togo starb im Dezember 1929 mit sechzehn Jahren, blieb jedoch in Seppalas Gedanken lebendig. Ungefähr dreißig Jahre später, im Alter von einundachtzig, schrieb der Musher in sein Tagebuch: »Ich spüre, wenn ich am Ende des Trails ankomme, wartet neben meinen vielen Freunden Togo, und ich weiß, alles wird gut werden.«

UGGIE,
Filmstar in Hollywood

Erst eine zweimalige Ablehnung, dann der Walk of Fame in Hollywood: Das klingt wie die Kurzfassung eines Filmdrehbuchs, und irgendwie ist es das auch. Uggie war vielleicht mehr eine Ikone als ein Held, aber er steht für die vielen Tiere, die im Film eine Rolle gespielt und nicht die Anerkennung bekommen haben, die sie verdienen.

Filmhunde sind schon lange Stars in Hollywood. Am bekanntesten ist wahrscheinlich Pal, der erste Collie, der Lassie in der Fernsehserie gespielt hat. Die erfolgreichste Hundedarstellerin ihrer Zeit war Terry, eine Cairn Terrier-Hündin, die in sechzehn Filmen auftrat, am bekanntesten als Toto in *Der Zauberer von Oz*. Mit einhundertfünfundzwanzig Dollar in der Woche verdiente sie bei den Dreharbeiten mehr als die meisten Schauspieler. Judy Garland, die das Mädchen Dorothy spielte, gewann Toto so lieb, dass sie die Hündin adoptieren wollte, doch Carl Spitz, ihr Besitzer und Trainer, gab sie nicht her.

Dann war da noch der Deutsche Schäferhund Rin Tin Tin, ein weltbekannter Stummfilmstar, über den das Gerücht umgeht, dass er in der Kategorie »Bester Hauptdarsteller« für den Oscar mehr Stimmen bekam als seine menschlichen Konkurrenten. Allerdings galt es als »unziemlich«, dass ein Hund gewann, und so erhielt der deutsche Schauspieler Emil Jannings für seine Rollen in *Sein letzter Befehl* und *Der Weg allen Fleisches* die Auszeichnung.

Kommen wir zu Uggie, einem Jack-Russel-Terrier, der sich in jüngerer Zeit von bescheidenen Anfängen zu einer *Cause célèbre* entwickelte – jedenfalls für diejenigen, die der Ansicht sind, dass großartige Darstellungen belohnt werden sollten, egal ob der Schauspieler zwei oder vier Beine hat.

Uggie hatte einen schweren Start ins Leben, wie seiner »Autobiografie« zu entnehmen ist. »Ich glaube, meinem Vater begegnete ich einmal, als er kurz an mir und meinen herumlümmelnden Geschwistern schnupperte.

Von meiner Mutter weiß ich nur noch, dass sie sanft und fürsorglich war; der Geruch von warmer Milch erinnert mich an sie. Leider wurde ich früh von ihrer Zitze gerissen und an den erstbesten Fremden verkauft, der mich aus dem Wurf ausgesucht hat.«

Als Welpe war Uggie so wild und ausgelassen, dass zwei Besitzer nicht mit ihm zurechtkamen und er im Hundezwinger zu enden drohte. Da hörte Hollywood-Hundetrainer Omar von Muller von dem schwer erziehbaren Hund und nahm ihn auf, bis sich ein neues Zuhause fand. Der Hund war nur eine Handvoll, aber von Muller sah etwas Besonderes in ihm: »Er war ein verrückter Welpe mit sehr viel Energie, und wer weiß, was aus ihm geworden wäre, wenn er in einem Hundezwinger gelandet wäre. Er war klug und bereit zu arbeiten.« Muller bemerkte auch, dass er die wertvolle Eigenschaft besaß, vor nichts Angst zu haben. Er erklärte: »Das ist es, was darüber entscheidet, ob ein Hund sich für den Film eignet oder nicht: ob er Angst vor der Beleuchtung hat, den Geräuschen und davor, am Set zu sein. Er bekommt Belohnungen wie Würstchen, um ihn zu seinen Auftritten zu motivieren, aber das ist nur ein Teil davon. Er arbeitet hart.«

Uggie war einer von sieben Hunden, die mit Muller und seiner Familie im Norden Hollywoods lebten. Da die anderen in der Filmindustrie arbeiteten, überraschte es nicht, dass Uggie ebenfalls diese Laufbahn einschlug. Wie die meisten Darsteller arbeitete er sich nach oben, indem er zunächst in kleinen Rollen und Werbespots auftrat. Erst mit neun, im Jahr 2011, kam seine große

Zeit. Zuerst erhielt er die Rolle der Queenie in *Water for Elephants* neben Reese Witherspoon und Robert Pattinson. Darauf folgte ein Auftritt in dem Stummfilm *The Artist* mit Jean Dujardin, bei dem er allen die Show stahl.

Uggie spielte die Rolle bis zur Perfektion und vollführte die meisten Stunts selbst, obwohl er zwei Doubles hatte. Bei der Premiere im American Film Institute ging er mit dem Rest der Darsteller über den roten Teppich und war ebenso wie die zweibeinigen Stars dazu aufgerufen, für den Film zu werben. Es gab Fotoshootings und Fernsehauftritte in Hülle und Fülle, einschließlich einer Reise nach London, um in der Graham Norton Show aufzutreten und einer Filmvorführung zugunsten der Tierschutzorganisation Dogs Trust beizuwohnen.

Die Kritiker lobten ihn einstimmig: »Ein Hund, dessen IQ höher zu sein scheint als der der meisten Schauspieler, egal welcher Spezies«, schrieb die *Daily Mail*. »Ein Aufsehen erregender Terrier«, so der *Rolling Stone*; »Behalten Sie den Hund im Auge!«, ergänzte CNN. Die Filmkritikerin der *New York Post* schrieb, Uggie habe »die beste Darstellung, Mensch oder Tier, in den Filmen, die ich dieses Jahr gesehen habe«, abgeliefert.

Derlei Lobeshymnen machten Uggie zu einem Superstar und hätten jedem Schauspieler sicherlich eine Fülle von Nominierungen für Auszeichnungen jedweder Art eingebracht. Deshalb starteten diejenigen, die glaubten, er würde zu Unrecht nicht berücksichtigt, die Kampagne »Consider Uggie«. S. T. VanAirsdale, Chefredakteur von *Movieline*, fand, Uggies Darstellung habe die von Leonardo DiCaprio in *J. Edgar* übertroffen, und warb auf

Facebook mit Zustimmung der Darsteller und Crew von *The Artist* um Unterstützung. Die Academy wollte davon nichts wissen, der Film gewann vier Oscars, darunter für den besten Film, den besten Hauptdarsteller und den besten Regisseur, Uggies Name aber wurde konsequent ausgespart.

Der *Daily Telegraph* nahm sich der Sache an und schrieb, eine Auszeichnung für Uggie wäre eine Auszeichnung aller Hunde, die Beifall für ihre Leinwandauftritte bekommen hatten, aber es sollte nicht sein. Als Mitglieder der BAFTA (British Academy Film Awards) fragten, ob sie bei den Oscarverleihungen 2012 für Uggie als besten Hauptdarsteller stimmen könnten, wurde ihnen mitgeteilt: »Leider müssen wir darauf hinweisen, dass Uggie nicht berechtigt ist, für die BAFTA in dieser Kategorie anzutreten, da er kein Mensch ist und seine einzige Motivation als Schauspieler Würstchen waren.« Ich verstehe nicht, warum Würstchen als Motivation nicht akzeptiert werden, Geld bei Menschen aber sehr wohl.

Uggie erfuhr jedoch die von vielen gewünschte Anerkennung, als er beim Filmfestival in Cannes 2011 mit dem Palm Dog Award für den besten Filmhund ausgezeichnet wurde: »für eine der besten Leistungen in der Geschichte dieser Auszeichnung«. Außerdem erhielt er einen Preis bei den Golden Collar Awards. Seine Pfotenabdrücke wurden vor Grauman's Chinese Theatre in Los Angeles in Zement verewigt, in bester Gesellschaft neben Abdrücken von Utensilien und Körperteilen prominenter Personen, darunter Whoopi Goldbergs Dreadlocks, Groucho Marx' Zigarre, Betty Grables Beine und

Marilyn Monroes Hände. Zum ersten Mal wurden von einem Hund feierlich Pfotenabdrücke genommen. Die Zeremonie fiel mit Uggies offizieller Abschiedsparty vom Filmgeschäft zusammen, bei der es eine Torte in Form eines Hydranten gab.

Uggie war nach wie vor sehr gefragt, aber Muller hatte das Gefühl, mit seinen fast zehn Jahren – in Hundejahren ungefähr siebzig – sollte er etwas kürzertreten und nicht mehr fünfzehn Stunden täglich am Set verbringen. Es war ein Nein zu weiteren großen Rollen. Stattdessen wurde Uggie »Sprecher« von Nintendo (wo er für das Videospiel Nintendogs + Cats warb) und der Tierrechts-organisation PETA (People for the Ethical Treatment of Animals), wo er sich für die Adoption von Hunden aus Tierheimen stark machte.

Uggie fand nun auch Zeit, mit Unterstützung von Wendy Holden seine Autobiografie zu »schreiben«. Holden, die sagt: »Ich glaube, er war der einzige Hollywood-star, über den ich wirklich schreiben wollte«, gesteht, dass er ihr »seine Gedanken durch Omar mitteilte« und ergänzt vielsagend: »Er war bereit zu reden.«

Seine Fans waren jedenfalls bereit zuzuhören und wollten ihn unbedingt kennenlernen. Als Holden und Uggie auf Lesereise gingen, standen »die Menschen buchstäblich um den Block Schlange, um diesen kleinen tierischen Star zu sehen. Er hatte etwas an sich, das die Menschen veränderte. Besonders Frauen liebten ihn. Es fiel jedem viel leichter, sich ihm zu nähern, als einem menschlichen Star.«

Uggies Biografie ist Reese Witherspoon, seinem Co-

Star in dem Film *Wasser für die Elefanten* gewidmet: »Für Reese, meine Liebe, mein Licht«.

Als Uggie 2015 starb, würdigte Reese Witherspoon ihn auf Twitter und nannte ihn eine »besondere, süße Seele«. Von Muller nannte ihn »einen perfekten kleinen Terrier. Ich werde ihn immer in meinem Herzen bewahren und niemals vergessen, wie unendlich gerne er Hähnchen und Hotdogs mochte.« PETA gab folgende Erklärung ab: »Sein bemerkenswertes Leben erinnert daran, dass unzählige Hunde und Katzen in Tierheimen darauf warten, von jemandem ›entdeckt‹ zu werden. Wie Uggie ist jeder von ihnen ein Star – sie brauchen nur ein liebevolles Zuhause, in dem sie strahlen können.«

Leider wurde Uggie bei den Oscarverleihungen des Jahres auch bei den Nachrufen übergangen. Die Academy weigerte sich erneut, seine künstlerische Leistung anzuerkennen.

SCHIFFSKATZE OSCAR
oder Unsinkable Sam

Es heißt, dass Katzen neun Leben haben, aber wohl keine hat das so sehr unter Beweis gestellt wie Unsinkable Sam. Er überlebte im Zweiten Weltkrieg nicht einen, nicht zwei, sondern drei Schiffsuntergänge.

Sam begann seine Militärkarriere bei der deutschen Kriegsmarine, bevor das Schicksal ihn auf die Seite der Alliierten verschlug. Er soll sich an Bord der *Bismarck* befunden haben, als das Schlachtschiff in See stach, um an der Operation Rheinübung teilzunehmen. Es lief nicht gut und neun Tage später, am 27. Mai 1941, sank die *Bismarck* nach schwerem Gefecht. Von den zweitausendeinhundert Besatzungsmitgliedern überlebten nur einhundertfünfzehn. Außerdem eine schwarz-weiße Katze, die auf einem Brett trieb. Die britische HMS *Cossack* nahm sie an Bord.

Weil im Internationalen Signalbuch der Buchstabe O für »Mann über Bord« steht, nannte die Crew ihn Oscar, auch Oskar geschrieben, er war ja gebürtiger Deutscher. Oscar genoss das Leben des Schiffsmaskottchens, während die *Cossack* Geleitschutzaufgaben im Mittelmeer und Nordatlantik erfüllte. Das ging nicht lange gut. Die *Cossack* begleitete einen Konvoi von Gibraltar zurück nach Großbritannien, als sie am 24. Oktober 1941 vom deutschen U-Boot U 563 torpediert und stark beschädigt wurde. Der Torpedo riss den gesamten Bug weg, einhundertneunundfünfzig Männer starben und das Schiff hatte schwere Schlagseite. Versuche, es nach Gibraltar zu schleppen, mussten wegen zunehmend schlechten Wetters aufgegeben werden. Die überlebende Besatzung wurde von der HMS *Legion* gerettet, die *Cossack* sank am 27. Oktober. Nachdem er den zweiten Schiffsuntergang überlebt hatte, wurde Oscar in »Unsinkable Sam« umbenannt.

Sein nächstes Zuhause war der Flugzeugträger HMS

Ark Royal. Aber auch das währte nicht lange. Am 14. November 1941 wurde das Schiff ebenfalls von einem deutschen U-Boot-Torpedo getroffen und sank im Schlepp etwa fünfzig Kilometer vor der Küste. Sam schien es sich zur Gewohnheit zu machen, auf Planken im Meer zu treiben und darauf zu warten, gerettet zu werden. Zusammen mit anderen Überlebenden wurde er von einer Motorbarkasse aufgenommen, »aufgebracht, aber einigermaßen unverletzt«.

Schwer zu sagen, ob Sam Glück hatte oder Pech oder alle verhexte, die mit ihm auf See waren, sein Überlebensgeschick war jedenfalls außergewöhnlich. Wie auch immer, er gab seine Seeabenteuer gerne auf, um Chef-Mäusefänger im Büro des Gouverneurs von Gibraltar zu werden, bevor er den Rest seines Lebens in einem Seemannsheim in Belfast verbrachte.

VALEGRO,
der Tausendsassa

Ein Jahr vor den Olympischen Spielen in London wurde ich gefragt, welche Randsportart meiner Meinung nach unerwartet aus ihrem Schattendasein treten würde. Ich antwortete sofort: »Dressurreiten.« Denn ich hatte Valegro bei der Arbeit gesehen und wusste, dass selbst Menschen, die nicht pferdenärrisch sind, von seiner Eleganz, seinem Rhythmus, seiner Leichtigkeit und der bemerkenswerten Verbindung zwischen ihm und seiner Reiterin Charlotte Dujardin fasziniert sein würden.

Die Disziplin des Dressurreitens reicht ins antike Griechenland zurück, wo Xenophon in Athen 355 v. Chr. eine Abhandlung über die Reitkunst verfasste. Ihm wurde klar, dass die Pferde, die imstande waren, seitlich auszubrechen, enge Wendungen und Kehrtwendungen zu vollführen oder aus dem Weg zu springen, in Reiterschlachten einen riesigen Vorteil hatten. Das Dressurreiten entstand also aus den Grundlagen der Kriegsführung zu Pferde.

In der Renaissance lebten diese Vorstellungen wieder auf; die europäischen Monarchen ließen sich gern in Dressurmanier auf einem Pferd porträtieren. Für Karl V., Kaiser des Heiligen Römischen Reiches, oder Philipp II. von Spanien, Katharina die Große von Russland oder Karl I. von England und Schottland war es wichtig, gut reiten zu können. Porträts, die sie auf dem Pferd zeigten, trugen zur herausgehobenen Stellung der Monarchen bei. In Frankreich, bei Louis IV. Henri, Herzog von Bourbon und Fürst von Condé, ging diese Vorstellung sogar so weit, dass er überzeugt war, als Pferd wiedergeboren zu werden. Er ließ deshalb die wohl größten und prunkvollsten Stallungen für Pferde bauen, die 1740 fertiggestellt wurden. Sie beherbergen heute ein Pferdemuseum und bilden die prachtvolle Kulisse für die Rennbahn, auf der sowohl das Französische Derby als auch das Französische Oaks (Prix de Diane) ausgetragen werden.

Ungefähr zur selben Zeit gab Kaiser Karl VI. in Wien eine große Halle in Auftrag, die als Winterreitschule dienen sollte. Sie wurde 1735 eröffnet und neue Heimat der Spanischen Hofreitschule (die bereits seit zweihundert Jahren bestand und auf das Training einer aus Spanien stammenden Pferderasse, die Lipizzaner, spezialisiert war). In der Spanischen Reitschule finden heute noch Vorführungen statt. Den Höhepunkt bilden die »Schulen über der Erde«, wobei die Pferde einen Moment in der Luft zu schweben scheinen.

Im 20. Jahrhundert entwickelte sich Dressurreiten zum Sport und wurde 1912 in Stockholm zur olympischen Disziplin. Bis zu den Olympischen Spielen in Helsinki 1952 durften jedoch nur Offiziere teilnehmen. Der Sport wurde mit Ballett, Tanzen oder Gymnastik für Pferde verglichen und ist eine hoch entwickelte Form des Reitens, die höchste Ansprüche an Pferd und Reiter stellt. Es wird erwartet, dass sie mit absoluter Präzision »aus dem Gedächtnis eine Reihe von festgelegten Übungen ausführen«. Dazu gehören die Piaffe, bei der das Pferd auf der Stelle tritt und die Hufe beinahe in der Luft schweben, die Pirouette, bei der es im Galopp einen engen Zirkel vollführt und die Hinterbeine an derselben Stelle bleiben, und die erstaunlichen fliegenden Wechsel, bei denen es bei jedem Galoppsprung in der Schwebephase vom Links- in den Rechtsgalopp wechselt.

Erstklassige Grand-Prix-Dressurprüfungen sind wunderschön anzusehen. Zusammen mit Musik und eigener Choreografie bei der Kür sind sie ein Erlebnis, als würde man einer Show im West End zuschauen.

Bei den Olympischen Spielen in London 2012 war Valegro der Star auf Bühne und Leinwand. Er wurde 2002 in den Niederlanden geboren und kam mit einigen anderen Pferden in den Stall des britischen Dressurreiters Carl Hester. Der Kaufpreis betrug nur viertausend Pfund (viertausendsechshundert Euro) – Spitzendressurpferde können bis zu hunderttausend Pfund (hundertzwanzigtausend Euro) kosten. Hester gab Valegro den Spitznamen Blueberry, äußerst passend für ein Pferd, das immer gern fraß. Als es so aussah, als würde er nicht groß genug werden, um von Hester geritten zu werden, wurde er zweimal beinahe wieder verkauft. Aber das Glück wollte es, dass in Hesters Reitstall in Gloucester gerade eine neue Bereiterin angefangen hatte, mit der perfekten Statur für Blueberry. So kam es, dass Charlotte Dujardin das Pferd ihres Lebens ritt.

Ihre Beziehung beruhte auf harter Arbeit und gegenseitigem Vertrauen. Dabei zeigte sich früh, dass sie füreinander geschaffen waren. Sie arbeiteten sich bei den National Championships durch alle Klassen, und entgegen dem ursprünglichen Plan, nach dem Hester übernehmen sollte, sobald sie Grand-Prix-Niveau erreicht hatten, riss er das Paar nicht auseinander, weil er sah, wie perfekt sie miteinander harmonierten.

Valegro war zehn und Dujardin siebenundzwanzig, als sie ihr olympisches Debüt in London gaben. Mit 83,74 Prozent stellten sie im Grand Prix einen neuen olympischen Rekord auf und verhalfen der Mannschaft (zu der Hester gehörte) zur ersten Goldmedaille Großbritanniens im Dressurreiten. Zwei Tage später zeigten

Dujardin und Valegro eine begeisternde, patriotische Kür mit Musik von *Land of Hope and Glory* und den Glockenschlägen von Big Ben, die die Menschen, die sie live in Greenwich sahen, zum Weinen brachte. Noch heute bekomme ich beim Gedanken an diese Vorführung Gänsehaut. Es war die perfekte Kombination aus Kraft, Präzision und Leidenschaft, alles mit Leichtigkeit und Eleganz miteinander verwoben. Die Richter waren beeindruckt und das Paar galoppierte mit einer Wertung von 90,089 Prozent zu einer überzeugenden Einzelgoldmedaille.

Zwischen 2012 und 2016 legte Valegro die Messlatte immer wieder höher, gewann weitere Weltmeister- und europäische Titel, erreichte Rekordwertungen in Grand Prix, Grand Prix Spezial und Kür. Bei den Olympischen Spielen in Rio standen er und seine Reiterin unter Druck, den olympischen Titel zu verteidigen. Die Hitze und die lange Reise waren nicht vorteilhaft für Valegro, dennoch sicherten sie sich die Einzelgoldmedaille und verhalfen der Mannschaft zur Silbermedaille.

Valegro wurde im Dezember 2016 nach einer fehlerlosen Kür bei der Olympia London International Horse Show verabschiedet. Er hatte drei olympische Goldmedaillen, zwei Weltmeistertitel, fünf Goldmedaillen bei Europameisterschaften und zwei Weltcups gewonnen. Dujardin weinte, als sie ihn würdigte: »Ich hatte mit ihm zusammen eine unglaubliche Zeit und habe mehr erreicht, als ich dachte. Ich kann ihm nicht genug danken. Er ist das Pferd, von dem jeder träumt, einfach wunderbar. Und er hat die Herzen so vieler Menschen erobert.«

Tatsächlich hat Valegro Menschen, die sich zuvor nichts daraus machten – oder noch nie zugesehen hatten – fürs Dressurreiten gewonnen. Auch Hester würdigte seine außerordentliche Karriere: »Ich kann gar nicht sagen, was er nicht nur für die britische Dressurreiterei, sondern für die Welt des Dressursports getan hat. Er ist ein Phänomen, es ist etwas Besonderes, einem solchen Pferd zu begegnen. Aber er gehört auch zu unserer Familie, er weiß nicht, dass er viele Millionen wert ist, wie die Leute sagen. Er ist einfach ein sehr freundliches, liebenswertes Pferd, das sich auf die Futterzeiten freut und nichts mehr liebt als Gras.«

Valegro genießt in der Rente immer noch sein Fressen und wird jeden Tag ausgeritten, damit er fit und zufrieden bleibt.

WARRIOR,
ein Pferd mit neun Leben

Warrior, ein Krieger dem Namen und dem Wesen nach, war »das Pferd, das die Deutschen nicht töten konnten«. Zusammen mit seinem Züchter und Besitzer Jack Seely verbrachte Warrior vier Jahre an der Front und überlebte Bomben, Kugeln, Feuer und schließlich den gesamten Ersten Weltkrieg.

Der braune Vollblutwallach wurde 1908 auf der Isle of Wight geboren. Er war stark, kräftig und schnell, mit einem feinen, hübschen Kopf. Mit einem Stockmaß von 1,57 Metern war er nicht groß, aber dafür wendig, und er hatte Charakter. Als Seely das erste Mal auf ihm saß, bockte der Zweijährige ihn dreimal hintereinander ab, danach aber war die Verbindung, die zwischen ihnen entstand, unzerstörbar.

Warrior und Seely gehörten zur ursprünglichen British Expeditionary Force (BEF, Britisches Expeditionskorps), die am 11. August 1914 in Frankreich eintraf. Seely hatte im Burenkrieg gedient und wurde noch während seiner Zeit in Südafrika erstmals zum Abgeordneten des Unterhauses gewählt, zunächst im Jahr 1900 als Konservativer, später als Liberaler. Er war ein Freund Winston Churchills und wurde 1912 zum Kriegsminister befördert (allerdings musste er im März 1914 wegen einer Meuterei im Armeelager von Curragh in Irland von diesem Amt zurücktreten).

Der Erste Weltkrieg war der letzte Krieg, in dem Pferde eine wichtige Rolle spielten, denn mit der fortschreitenden Entwicklung der Waffen wurden sie auf dem Schlachtfeld zunehmend verwundbar. Das Deutsche Heer verwendete Pferde nur zu Beginn des Krieges an der Westfront, genauso wie die Vereinigten Staaten, aber die britischen Streitkräfte setzten von Anfang bis Ende des Krieges berittene Truppen ein. Anfangs hatten sie nur fünfundzwanzigtausend Pferde, deshalb kauften sie nach einem staatlichen Mobilisierungsplan hunderttausend Tiere dazu. Im Verlauf des Krieges wurden täglich zwischen fünfhundert und tausend Pferde nach Europa verschifft. Insgesamt verlor Großbritannien mehr als vierhundertachtzigtausend Pferde und fast doppelt so viele Soldaten.

Pferde boten eine Reihe von Vorteilen gegenüber den primitiv motorisierten Fahrzeugen der Zeit. Sie konnten Sanitätswagen und Geschütze in schwierigen Lagen durch unwegsames Gelände und tiefen Schlamm ziehen. Außerdem erhöhten sie die Moral unter den Soldaten. Man setzte sie für Kavallerieangriffe und zur Beförderung von Nachschub ein, zur Aufklärung, für die Überbringung von Nachrichten oder den Transport von verwundeten Soldaten. Sie zahlten jedoch einen hohen Preis für ihre vielseitige Verwendbarkeit, denn sie waren ebenso wenig immun gegen Krankheiten und Erschöpfung, die Gefahren durch Giftgas und Artilleriebeschuss wie die Männer, an deren Seite sie kämpften, und Hunderttausende verloren ihr Leben.

Wie so viele andere Pferde erlebte Warrior im Krieg das Schlimmste. Im belgischen Passendale war der Schlamm beinahe sein Verderben. Um ihn herum war der Boden mit toten Pferden übersät, die sich nicht aus dem Morast hatten befreien können. Auch Warrior versank bis zum Bauch im Schlamm. Vier Männer mussten ihn ausgraben, es war, mit Seelys Worten, »ein knappes Entkommen«. In den folgenden Monaten erlebte das Paar unzählige feindliche Angriffe, war unter Trümmern begraben und unter Beschuss, aber »nicht ein einziges Mal versuchte Warrior zu flüchten oder irgendetwas von der Art zu tun, was man von einem Tier, das von Natur aus ängstlich ist wie das Pferd, erwarten würde. Nein, mein tapferes Pferd behielt nicht nur seine eigene Angst unter Kontrolle, sondern half auch über die Maßen seinem Reiter und seinem Freund, dasselbe zu tun«, so Seely.

Als eine Explosion Warriors Stall in Brand setzte und er von den brennenden Balken eingeschlossen war, gelang es ihm zu entkommen, und auch nachdem eine Granate das zerstörte Haus getroffen hatte, das als seine vorübergehende Unterkunft diente, konnte er sich aus dem Schutt befreien. Warrior überlebte die erbitterten Schlachten an der Somme und in Ypern, die auf britischer Seite mehr als hundertfünfzigtausend Tote und Hunderttausende Verletzte und Vermisste forderte. Unweit der Stelle, wo er angebunden war, detonierte eine deutsche Granate und riss ein Pferd entzwei. Warrior blieb unverletzt.

Ein einziges Mal ritt Seely ein anderes Pferd, weil Warrior lahmte. Das Pferd wurde von einer Granate getroffen und war sofort tot. Seely brach sich lediglich drei Rippen und dankte dem Himmel, dass er an diesem Tag nicht auf seinem geliebten Warrior gesessen hatte. Bei anderer Gelegenheit schoss ein Scharfschütze auf Warrior, verfehlte ihn aber knapp und tötete stattdessen ein Pferd dicht neben ihm. Warrior schien wie eine Katze neun Leben zu haben. Seine Tapferkeit spornte die anderen Soldaten an, sie betrachteten ihn als ihren Glücksbringer und klopften ihn an der Flanke, wenn sie an ihm vorbeiritten.

Der letzte große Kavallerieangriff des Krieges fand

im März 1918 in Moreuil Wood statt. Seely (inzwischen General Seely) und Warrior führten die Männer der kanadischen Kavalleriebrigade in eine Schlacht, die ein Viertel der Männer und die Hälfte der Pferde nicht überlebten. Das Paar folgte dem vorausfahrenden Panzer, als plötzlich eine Explosion die Brücke zum Einsturz brachte, die sie gerade überquerten, und der Panzer in den Kanal stürzte. Sie blieben unverletzt, und nichts konnte das Pferd davon abhalten, sich ins dickste Kampfgetümmel zu stürzen. Seely erinnert sich, dass das Pferd »entschlossen lospreschte und mit einem großen Sprung startete. Alle Angst war von ihm gewichen, als er mit Renngeschwindigkeit weitergaloppierte. Wir befanden uns in feindlichem Kugelhagel, als wir die freie Fläche passierten und den Hügel hinaufstürmten, aber Warrior war es egal.«

Die Kämpfe wurden noch erbarmungsloser und die Liste der Opfer immer länger, als ganze Bataillone fielen. In Gentelles erlitt Seely eine Gasvergiftung, seine beiden Ersatzpferde wurden getötet, aber er und Warrior kamen relativ unverletzt davon.

Das Paar kehrte zu Weihnachten 1918 nach Hause zurück. Warrior hatte noch ein langes, glückliches Leben auf der Isle of Wight und gewann dort vier Jahre nach dem Krieg sogar ein Jagdrennen. Als er im Alter von zweiunddreißig Jahren starb, berichteten die *Times* und der *Evening Standard*. Er wurde oft porträtiert, bekanntermaßen von Sir Alfred Munnings, und in der Nähe seines Zuhauses steht eine kleine Bronzestatue, die ihn zusammen mit Seely zeigt. Ein Jahrhundert, nachdem er an die Front gegangen war, wurde Warrior posthum die Ehren-Dickin-Medaille verliehen, stellvertretend für alle Tiere, die im Ersten Weltkrieg dienten.

WHEELY WILLY,
der Unerschütterliche

Ich bin immer wieder entsetzt über die Grausamkeit, mit der Menschen Tiere behandeln. Wie kann man einem winzigen Chihuahua die Kehle aufschneiden? Wie kann man ihn so misshandeln, dass er von den Vorderbeinen an bis zur Schwanzspitze gelähmt ist? Was in aller Welt geht im Kopf von jemandem vor, der so etwas einem kleinen hilflosen Hund antut?

Dieser Hund, der als Wheely Willy bekannt wurde, überlebte, damit seine Geschichte erzählt wird. Er ist ein Symbol für Tapferkeit und Freundlichkeit, und die Botschaft, die er aussendet, berührt Kinder in Amerika und auf der ganzen Welt.

Willy wurde halbtot in einem Karton auf einer Straße von Los Angeles zurückgelassen. Ein Passant fand ihn und brachte ihn in eine örtliche Tierklinik, doch es sah nicht gut aus. Unbekannte hatten ihm die Stimmbänder entfernt, und so konnte er nicht bellen oder jaulen. Die Tierärzte stabilisierten ihn schließlich durch eine Operation und weitere Behandlungen, aber es war klar, dass er nie wieder würde laufen können. Er war geschoren und so abgemagert, dass er unentwegt fror und zitterte, weshalb sie ihm den Spitznamen Chilly Willy gaben.

Doch trotz des Traumas und der Grausamkeit, die er erlitten hatte, bewies der kleine Hund einen unbeugsamen Lebenswillen. Es dauerte ein Jahr, bis er sich von seinen Verletzungen erholt hatte. Dann aber stand er vor einer weiteren Herausforderung: Niemand wollte einen Hund mit so schweren Behinderungen. Es schien keine andere Möglichkeit zu geben, als ihn einzuschläfern.

Deborah Turner, die einen Hundefriseursalon betrieb, hörte von seiner Notlage und wollte helfen. Sie besuchte ihn in der Absicht, seine Geschichte zu erzählen, aber als sie erlebte, wie fröhlich er war – er wollte unbedingt spielen, obwohl er die Hinterbeine hinter sich herschleifen musste –, beschloss sie, ihn mit nach Hause zu nehmen. Sie adoptierte ihn und schwor, alles in ihrer Macht Stehende zu tun, damit er ein aktives und glückliches Leben hatte.

Der kleine Hund sprühte vor Lebensfreude. Er freundete sich schnell mit Turners anderen Tieren an, darunter Hunde, Katzen und eine Schildkröte, aber er konnte – körperlich – nicht mit ihnen mithalten. Turner wurde klar, dass sie ihm irgendwie zu mehr Beweglichkeit verhelfen musste. Erste Versuche mit einem Skateboard und Heliumballons scheiterten. Der Plan, seine Hinterbeine vom Boden auf das Skateboard zu heben, misslang, denn Willy war so winzig, dass die Ballons seinen ganzen Körper hochhoben!

Etwas Ausgeklügelteres musste her. Bereits in den 1960ern wurden in den USA für eine ganze Reihe von Tieren (von Ratten bis hin zu Miniaturpferden) spezielle Karren entwickelt, um nach schweren Verletzungen ihre Mobilität wiederherzustellen. Turner bestellte einen für Willy. Es war ein zweirädriger Rollwagen, der seine Hinterläufe unterstützte und es ihm ermöglichte, sich allein mit den Vorderbeinen vorwärtszubewegen. Willy liebte ihn und kam zügig mit ihm voran. »Seine Welt veränderte sich dadurch von schwarzweiß zu farbig«, sagte Turner.

Als seine Geschichte in der lokalen Zeitung erschien, nutzte Turner Willys neue Berühmtheit für einen guten Zweck. Gemeinsam besuchten sie Menschen mit Alzheimer und Patienten auf psychiatrischen Stationen. Der kleine Hund auf Rädern gab jedem Kraft, der ihm begegnete oder über ihn las, darunter auch Veteranen, die Rückenmarksverletzungen erlitten hatten. Obwohl er immer noch keine Stimme hatte – sein Bellen klang eher nach Frosch als nach Hund –, galt »Wheely Willy« (Laufrad-Willy) beim Fernsehsender Animal Planet als Motivationsredner. Er trat einige Male im Fernsehen auf und ging auf Welttournee, besuchte Schulen und Krankenhäuser. Deborah Turner erlebte, welche Wirkung er auf Kinder mit Verletzungen oder Behinderungen hatte. »Sie verstanden, dass Behinderungen nicht das Ende bedeuteten. An Willy sahen sie, dass man trotz einer Behinderung ein glückliches Leben führen konnte«, erklärte sie. In Japan war Wheely Willy besonders beliebt: Zu seinen Fans gehörten auch Prinz Hitachi und seine

Frau Hanako. Dass die Prinzessin vor ihm niederkniete, war eine Sensation.

Willy starb 2009 und wird immer in Erinnerung bleiben, weil er so vielen Menschen Hoffnung gegeben hat. Er hat bewiesen, dass es möglich ist, eine schreckliche Verletzung oder Krankheit zu überstehen und dann das Leben auf neue Art in vollen Zügen zu genießen.

WOJTEK
oder Ein Bärendienst, der den Namen verdient

Als kleines Mädchen mochte ich keine Puppen, aber Teddybären liebte ich. Sie waren warm, plüschig, knuddelig und beruhigend und machten so viel mehr Spaß als harte Plastikfiguren mit langen blonden Haaren. Ich hatte eine beeindruckende Sammlung von Bären unterschiedlicher Arten – Pandabären, Polarbären, Schwarzbären und dicke kleine Winnie-Puuh-Bären. Ich liebte Winnie Puuh und sammelte Briefpapier, T-Shirts, Bilder und natürlich alle Bücher. Mein Bruder war mehr ein Paddington-Fan, er trug gern einen Dufflecoat und hatte wie das Original einen kleinen Lederkoffer. Ich glaube, in seiner Fantasie *war* er Paddington.

Von einem Jungen, der dachte, er wäre ein Bär, zu

einem Bär, der dachte, er wäre ein Mensch – zu Wojtek, der den Zweiten Weltkrieg gewonnen hat. Im Ernst.

Die Geschichte von Wojtek beginnt 1942 an einem kleinen Bahnhof an der iranisch-irakischen Grenze. Eine Gruppe polnischer Soldaten stieg aus einem Lastwagen, um sich die Beine zu vertreten. Sie befanden sich auf einer langen Reise Richtung Süden. Aufgebrochen waren sie in den Gulags in Sibirien, in die man sie deportiert hatte, nachdem Stalin 1939 in Ostpolen einmarschiert war. Jetzt, da Russland mit Deutschland im Krieg war, waren sie freigelassen worden und kehrten zurück, um sich der britischen Armee in Ägypten anzuschließen und gegen die Nazis zu kämpfen.

Die Soldaten waren in Feierlaune und suchten Unterhaltung. Als sich ein kleiner Hirtenjunge an sie heranmachte, der ein verwaistes Bärenjunges in einem Sack bei sich hatte, schien dies ein gutes Omen. Der Handel erforderte nur etwas Bargeld, Schokolade und ein Schweizer Armeemesser, und plötzlich hatten sie ein Tier, ein Maskottchen. Da das Bärenjunge dünn und unterernährt war, teilten die Soldaten ihre Rationen mit ihm. Besonders liebte es Kondensmilch, die sie ihm aus einer alten Wodkaflasche verabreichten.

Das zusehends wachsende Bärenjunge verbrachte etwa drei Monate in einem polnischen Flüchtlingslager in der Nähe von Teheran. Anschließend übergab man es der 22. Transportdivision des 2. polnischen Armeekorps als Geschenk. Einen Bär hatte es in einer Kampfeinheit der polnischen Streitkräfte noch nie gegeben. Die Soldaten nannten ihren neuen Kameraden Wojtek.

Wojtek gewöhnte sich mühelos an das Leben in der Armee. Er lernte, polnische Kommandos zu befolgen und seine Vorgesetzten zu grüßen. Sein Benehmen ließ jedoch manchmal zu wünschen übrig, er gewöhnte sich zum Beispiel an, die Sachen der Soldaten von der Wäscheleine zu stibitzen, um damit zu spielen und über seinem Kopf zu wedeln. Auch verwüstete er das Lebensmittellager, als er sich über das für den Weihnachtsabend 1942 vorgesehene Festessen hermachte.

Bei einer Gelegenheit jedoch erntete er für seine Missetat nur Lob. In der glühenden Hitze des Mittleren Ostens liebte der Bär nichts mehr als eine erfrischende Dusche. Er schaffte es, in die Duschkabinen einzudringen und jaulte dann so lange, bis ein mitfühlender Kamerad ihm half, das Wasser anzustellen. Irgendwann konnte er es selbst und die Türen mussten abgeschlossen werden, um ihn daran zu hindern.

Eines Nachts im Juni 1943 entdeckte er, dass eine der Türen offen stand, und trottete sofort hinein. In der Dusche stieß er auf einen Spion, der sich ins Lager geschlichen hatte, um Munition zu stehlen. Der wäre vermutlich nicht im Traum darauf gekommen, dass ihm an diesem Ort ein zweihundert Kilo schwerer Bär in die Quere kommen könnte. Er schrie das ganze Lager zusammen, sodass es ein Leichtes für Wojteks Kameraden war, ihn gefangen zu nehmen. Der Bär bekam zur Belohnung Zigaretten, die er aß, und Bier, das sein Lieblingsgetränk wurde. Er tat sich an Früchten, Sirup und händeweise Marmelade gütlich (wie Paddington). Und selbstverständlich durfte er an diesem Abend lange duschen.

Das 2. polnische Armeekorps wurde zur weiteren Ausbildung nach Nordafrika versetzt und dann, 1944, nach Italien geschickt, um an der Seite der britischen 8. Armee zu kämpfen. Es stand außer Frage, dass der Bär mitkam. Allerdings gab es die strikte Regel, dass Haustiere bei Einsätzen verboten waren. Die Soldaten fanden eine geniale Lösung: Wenn der Bär in die Truppe eintrat, hätte er dieselben Rechte wie sie. Wojtek wurde also offiziell als Soldat in das 2. polnische Armeekorps (später die 22. Transportdivision) aufgenommen und genauso behandelt wie der Rest der Mannschaft. Er hatte den Rang eines Corporals und eine Identifikationsnummer, bekam Sold, die doppelte Ration und schlief in einem Zelt. Der einzige Unterschied war, dass er zwischen den Einsätzen in eine große Holzkiste verfrachtet wurde, statt mit den anderen Soldaten zusammengedrängt hinten auf dem Lastwagen zu sitzen. So traf er ordnungsgemäß aus Ägypten ein. Für Verwirrung sorgte lediglich, dass keine Antwort kam, als der Offizier beim Appell der polnischen Soldaten Wojteks Namen aufrief …

Die Polen bildeten einen wichtigen Teil des alliierten Feldzugs in Italien, ihr Kampfgeist wurde bewundert. Mit den Worten eines Offiziers der Irish Guards in der 78. Division: »An ihrer Entschlossenheit gab es keinen Zweifel. Für ihre Tapferkeit empfand die Division bald ehrfürchtige, aber auch amüsierte Bewunderung. Sie setzten sich mit rücksichtsloser Hingabe ein. Sie schienen keine Angst zu kennen.« Dasselbe galt für ihren Bären, der inzwischen 1,80 Meter groß war und zweihundertzwanzig Kilo wog.

Viele Jahre später erzählte der britische Kurier Archibald Brown in einem Interview: »Wir sahen auf die Liste, und nur eine Person, Corporal Wojtek, war nicht erschienen.« Als er die anderen Soldaten gefragt habe, warum der Corporal nicht vorgetreten sei, habe einer der Kameraden geantwortet: »Na, er versteht nur Polnisch und Persisch«, und ihn zu dem Käfig geführt, in dem sich der Bär befand.

Wojtek konnte die Arbeit von vier Männern erledigen. In der blutigen Schlacht von Monte Cassino half er mehr als fünfundvierzig Kilo schwere Artilleriegeschosse zu den Stellungen zu bringen. Die ungeheure Gefahr und die Zahl der Todesopfer konnten ihn nicht aus der Ruhe bringen: Fünfundfünfzigtausend alliierte Soldaten wurden getötet, bevor die Deutschen geschlagen waren. Es waren die Polen, die schließlich die inzwischen völlig zerbombte Abtei von Monte Cassino einnahmen und dort die Fahne hissten. Wojteks Stärke und Tapferkeit hatten so maßgeblich zum Erfolg beigetragen, dass ein neues Emblem für die 22. Kompanie entworfen wurde. Es zeigt einen Bären, der ein großes Artilleriegeschoss trägt.

Als Ergebnis der Konferenz von Jalta 1945 kam Polen unter kommunistische Herrschaft, und nicht wenige konnten oder wollten angesichts des Stalinregimes nicht in ihr Heimatland zurückkehren. Da sie an der Seite der Alliierten gekämpft hatten, beschlossen viele, sich in Großbritannien niederzulassen. Unter ihnen auch die Transportdivision, einschließlich Wojtek. Sie kamen zuerst ins schottische Berwickshire.

Wojtek führte eine Siegesparade durch die Princess Street in Edinburgh an, ehe er sich an das Leben im Armeelager am Luftwaffenstützpunkt Winfield bei Hutton nahe der schottischen Grenze gewöhnte. Im Camp verdiente er sich seinen Lebensunterhalt, indem er schwere Kisten und Balken trug. Wenn er nicht gebraucht wurde, nahm er am liebsten ein Bad im Fluss Tweed.

Als die polnische Armee 1947 schließlich aufgelöst wurde, fand Wojtek ein neues Zuhause im Zoo von Edinburgh, wo die Wärter seiner Vorliebe für Milchtee nachgaben. Seine früheren Kameraden besuchten ihn oft und brachten ihm in Erinnerung an alte Zeiten Zigaretten und Schokolade mit. Er lebte regelrecht auf, wenn er auf Polnisch angesprochen wurde.

Wojtek starb 1963 mit dreiundzwanzig Jahren. Sein außerordentlicher Beitrag zu den alliierten Kriegsanstrengungen wurde mit einer Plakette im Imperial War Museum gewürdigt sowie einer Statue in den Princes Street Gardens, einer weiteren in Duns in the Borders und einer im polnischen Krakau. Alle vier Ehrungen sind ein anschaulicher Beweis dafür, wie viel die Briten den Polen im Zweiten Weltkrieg verdanken und wie sehr ein freundlicher Bär das Leben der Soldaten verändert hat. Einer seiner früheren Kameraden, Ludwik Jaszczur, brachte es auf den Punkt: »Ich sage Ihnen jetzt die Wahrheit. Wojtek hat uns geholfen, den Zweiten Weltkrieg zu gewinnen.«

DANK

Es hat Spaß gemacht, dieses Buch zu schreiben; ich habe eine Menge dabei gelernt. Es war ein Vergnügen, mit einem so professionellen und engagierten Team wie dem des John Murray Verlags zusammenzuarbeiten, und ich danke allen, dass sie mich während eines sonst wohl ziemlich unausgefüllten Jahres so gut beschäftigt haben.

Für ein Buch, das so viele Fakten enthält, braucht es ein ganzes Team und ich schulde Cari Rosen ein riesiges Dankeschön für ihre ausführliche Recherche, Georgina Laycock für das Konzept und die brillante Redaktion, Candida Brazil für ihr sorgfältiges Lektorat, Howard Davies fürs scharfsichtige Korrekturlesen und Caroline Westmore für ihre Detailgenauigkeit.

Es heißt, man sollte ein Buch nie nach seinem Cover beurteilen, aber wenn Sie sich dafür entschieden haben, weil Ihnen der Umschlag gefällt, bin ich Ihnen nicht böse. Stattdessen muss ich mich bei Sara Marafini bedanken, die ihn entworfen hat, bei Kate Brunt, die den Fototermin organisiert hat, und Paul Stuart, der einfach die besten Fotos schießt – diesmal in bereitwilliger Zusammenarbeit mit Feuerwehrhund Sherlock, der seine Sache besser gemacht hat als jedes Model. Mein Dank gilt auch seinem Führer, Wachleiter Paul Osborne.

Dank an Janette Revill für die kreative Gestaltung des Buchs und Diana Talyanina für die schöne Herstellung. Rosie Gailer und Jess Kim kümmern sich darum, dass es die nötige Aufmerksamkeit bekommt, und Ellie Wheeldon um die Audioversion.

Meine Agentin Eugenie Furniss hat ein unfehlbares Urteil, und als sie sagte, es wäre eine gute Idee, dieses Projekt zu verfolgen, habe ich nicht gezögert, die Sache anzugehen. Sie und ihre Kollegin Emily MacDonald waren eine ungeheure Unterstützung.

Ein Buch zu schreiben erfordert Konzentration und Engagement. Beides ist mir nicht von Natur aus gegeben und ich bin Alice dankbar, dass sie mir einen Push gegeben hat, wenn es nötig war, oder mit einer Tasse Kaffee auftauchte, um zu kontrollieren, ob ich nicht abgelenkt war und gerade im Internet Katzenspielzeug einkaufte.

Schließlich möchte ich mich bei Ihnen, liebe Leserin und lieber Leser, bedanken und hoffe, wenn Sie das Buch lesen, dass Ihnen noch einmal bewusst wird, wie sehr Tiere unser Leben bereichern und wie sehr sie Teil unserer Kulturgeschichte sind. Wir haben ihre Tapferkeit und Hingabe nicht immer verdient, aber ich hoffe, wir werden zukünftig mehr für ihren Schutz tun und Achtung vor ihrem Leben haben.